电网微课开发
实用教程

广东电网有限责任公司培训与评价中心　编

U0393101

中国电力出版社
CHINA ELECTRIC POWER PRESS

内 容 提 要

本书结合电网公司多年来的微课开发实践经验，提炼了"点线面"微课开发方法论，指导公司员工开发具有电网特色的微课。全书分为四篇，第一篇介绍微课的基本概念、发展历程及开发微课对电力企业培训的作用；第二篇介绍"点线面"微课开发方法论，阐明微课开发的原则与原理；第三篇介绍"点线面"微课开发方法的实操技巧；第四篇通过典型案例介绍电力企业的常见微课类型的开发要求与提升技巧。

本书适用于电力企业微课开发培训使用，也可作为广大读者学习微课开发方法的参考书。

图书在版编目（CIP）数据

电网微课开发实用教程 / 广东电网有限责任公司培训与评价中心编. —北京：中国电力出版社，2019.1

ISBN 978-7-5198-2821-9

Ⅰ．①电…　Ⅱ．①广…　Ⅲ．①电力工业–多媒体教学–教学软件–软件开发–教材　Ⅳ．①TM②TP311.52

中国版本图书馆CIP数据核字（2018）第 300244 号

出版发行：中国电力出版社
地　　址：北京市东城区北京站西街 19 号（邮政编码 100005）
网　　址：http://www.cepp.sgcc.com.cn
责任编辑：景天竹（010-63412523）
责任校对：黄　蓓　常燕昆
装帧设计：赵姗姗
责任印制：钱兴根

印　　刷：北京博海升彩色印刷有限公司
版　　次：2019 年 1 月第一版
印　　次：2019 年 1 月北京第一次印刷
开　　本：787 毫米 ×1092 毫米　16 开本
印　　张：17.5
字　　数：336 千字
定　　价：76.00 元

本书编委会

主　　任　苏琇贞

副 主 任　李军锋　郭建龙

编写人员　黄成云　曾　钰　夏　爽　肖叶枝
　　　　　　王　鹏　刘　晓　熊　山

前言

FOREWORD

识"微"见远，众创众学

——电力企业学习新浪潮

一、微学习，新趋势

曾有一项长期研究报告发现：现代科学技术的发展会缩短人的专注时间。在 2000 年到 2013 年期间，科学家们招募了一批志愿者，组织开展了一场关于科技对人类注意力影响的研究。最后结果显示，志愿者的平均注意力广度已从 2000 年的 12 秒下降到 2013 年的 8 秒。这意味着，在一场演讲或培训中，大部分人可能只会认真听你所讲的第一句话。

信息大爆炸时代下的我们，面对眼花缭乱的资讯逐渐失去耐心。相信很多人已经没办法静下心来阅读长文章，在与人沟通的过程中也希望对方能快速切入主题，讲重点。因此，我们的学习也越来越微量化。

微学习是这个时代的特征，也是这个时代的产物。其实早在 1993 年，从美国北爱荷华大学勒罗伊·麦格鲁（Le Roy McGrew）教授提出"60 秒有机化学课堂"开始，教育培训领域对"微课程"的探索就从没停止过。只是当时人们对"微学习"的需求还没有如今这般强烈。而现在，借助移动设备为载体，互联网及社交媒体的快速传播，移动学习、碎片式学习正处在蓬勃发展的态势之中。

基于"微学习"的需求，企业培训的趋势也逐渐碎片化、移动化。如何在短时间内抓住学习者注意力，充分调动他们的积极性，达到寓教于乐的良好学习效果，成为企业培训组织部门的努力方向。

而电力企业的培训环境在"微学习"趋势影响下正在发生变化。许多"80后""90后"员工进入电力企业，他们是互联网时代下成长起来的一代，也是热爱互联网社交的一代。新奇好玩的事物对他们来说具有与生俱来的吸引力，"微学习"对他们来说是更自由、更个性化的学习。学习地点不局限于培训课堂或实训基地，时间不再限制于新入职的那段时期，学习内容也不局限于本岗位的知识。各大网络平台上的众多课程，只要感兴趣，新生代员工们也愿意花时间一探究竟。

要想建设以员工为中心的培训体系，就需要企业培训组织部门充分认识企业员工对学习需求的转变趋势，"对症下药"，才能助力企业培养符合自身发展需求的高素质人才队伍。

二、微课件，新形式

在学习微量化、移动化的背景下，微课作为一种高效便捷的新型学习资源，迅速成为国内外企业培训建设的热点。

微课的概念听起来很简单，真正解释起来却众说纷纭。泛微课指的是 10 分钟以内的所有形式的课程，包括线上线下课程。线下微课是指将普通授课时长缩短，每节课 10 分钟以内讲完。线上微课包括在线直播、微信群语音微课、动画、HTML5（以下简称 H5）、图文等形式的获取简便、学习耗时短的课程。国内不同规模的企业微课大赛活动中对微课的定义则比较具体，大家普遍将微课界定为线上多媒体课件，常见的四类为动画、视频、H5 和长图。简言之，微课的呈现形式是丰富多样的，其内容设计的发挥空间巨大。

微课基于"注意力十分钟法则"，以其短小精悍的特点获得了培训者、学习者的共同关注。由于人们维持注意力集中的时间越来越短，在设计微学习时，必须着重考虑学习体验。除了搭建在线学习、移动学习平台，还需要丰富的课件资源作为支撑。微课在内容上可以融合情景化、游戏化的教学设计，比普通培训课上老师一板一眼的讲解更有趣。不用面对老师，学员还能减少学习的紧张感，以更放松的状态接收信息，自学的积极性会更高。

微课因内容明确简短的特点，让学员能充分利用碎片化时间进行学习，学习过程不会轻易被打断。微课的学习量小，会让学员获得轻松完成学习任务的成就感，因此能有效激励学员不断地学习每一门小微课，产生每天都有进步的满足感。

如今，随着广东电网公司员工队伍日益壮大，微课既能解决员工对知识、技能及时学习的需求问题，又能为企业带来更精益化的培训资源，一举两得。从长远来看，企业微课培训将大有可为。

电力企业对员工生产实施的安全防范要求和技能要求较高，而从岗位胜任能力模型看，每个专业岗位员工需要学习的知识点众多，各岗位之间不仅专业差距明显，难以集中培训，而且资深专家的技能经验也难以通过大规模授课传授给新员工。因此，电力企业能力提升培训需要有针对性地开展，面向各岗位人员定制个性化的学习课程。然而，长期实施面授培训将花费大量资源，微课培训正好可以与面授培训形成互补。

微课的主题设计和内容规划都极具针对性，因其只讲解一个知识点，所以每一门微课的学习对象都比普通培训课程更具体、聚焦。此外，微课的开发周期短，开发投入资源少，可以在移动平台组织学习。因此，微课培训的流程比传统培训更简便，所需成本更低。

微课改变了传统的教学模式，优化了课堂教学，强调以"学"为本，其快速高效、灵活简便的优势明显，是企业培训形式创新的重要手段。因此，我们不仅要借助外部课件开发商丰富企业微课资源，还要鼓励企业内有专业知识和经验者开发微课，方便员工开展多样化的培训，也便于电力企业员工在自主学习时有更多样化的选择。

一个前所未有的学习时代正在来临——微课，将带来一场学习的"变革"。

三、微开发，新方式

这是一个共享的时代，经济共享、服务共享，学习也在共享，微课便是学习共享的一种体现。新时代下，微课无疑是一个契机，它正以高效的时间利用率和自由自主、碎片化的学习方式，全方位地激活人们学习的热情和可能性；它以整个互联网为平台，任意穿梭在世界上的每个角落，为人们提供随时随地的学习服务；新时代下，微课的发展更倾向于学习者课外自主学习资源的建设以及对优秀学习资源共建共享。

随着微课的兴起，在不少企业内部也掀起了一股共创共享、众创众学的浪潮。有数据表明，已有相当数量的企业应用了移动学习，很多企业计划增加使用力度，这意味着企业微课学习资源的需求量将大幅增长。

电力企业内，对员工能力素质培养的高要求启发我们建设众创微课新模式，以实现资源共创共享。

何为众创？以广东电网公司举办的微课作品评选活动为例，我们通过组织评选，调动各单位开发符合电力员工学习特性的微课，以此激发各单位、各班组的员工发挥所长，从电网人的角度讲授电网安全故事，传授电力安全生产知识。员工通过亲自参与，不仅对微课开发有深入了解，更重要的是能深刻理解安全对电力生产的重要意义。

何为共享？评选活动中，员工开发了大量微课，通过作品甄选、审核、优化，最终呈现的成果能够达到学习标准。这一批优秀微课直接投放公司在线学习平台，实现学习资源共享。通过平台，各单位员工不仅可以学习这些微课，还能发表评论、反馈，让开发者了解到学习者的学习感受，形成良好的交流与互动。

在不断组织员工自主开发微课的过程中，我们发现公司内缺乏一套有效指导员工开发微课的方法与工具，而现有的课程开发模型不适用于微课开发，其他微课开发方法也不一定适用于电力企业的微课开发。

因此，依据科学的课程开发模型，结合广东电网公司多年来的微课开发实践经验，本书提炼了"点线面"微课开发方法论。通过定点、连线、成面的三步式开发流程，指导公司员工开发具有电力企业特色的微课。

本书适用于电力企业微课开发培训使用，实用性高、操作性强，主要体现在以下几个方面：

1. 表单式设计，流程模板全呈现

本书重视微课开发的知识点从理论到行为迁移的转变，为帮助读者有效地将微课开发知识内化为微课开发能力，"点线面"微课开发实战通过表单式的工具模板设计，帮助读者熟练掌握开发流程、深入理解微课开发技能，促进学以致用。

2. 开发标准规范化，规格要求全明确

本书与《中国南方电网公司微课开发规范》《广东电网公司课件评审标准》紧密结合，通过明确的开发技术规范与要求切实指导微课开发，让读者开发出来的微课更符合企业使用标准。

3. 本地化案例，微课开发点点通

本书的微课案例多采用电网公司的内部微课案例，其中不少是电力企业员工自主开发的微课作品。充分考虑到不同岗位、不同专业的员工开发微课时的需求差异，通过案例评析阐明微课开发的方法，为读者提供可参考借鉴的开发模式，充分体现电力企业特色。

4. 情景式教学，开发难题全解决

本书从电力企业内班组员工进行微课开发的情景出发，用有趣的漫画形式呈现员工开发微课时可能产生的困惑，并且通过广东电网公司专属的卡通形象"技能侠 - 小能"的角色来答疑解惑，形式新颖活泼，学习趣味多多。

全书分为四篇。第一篇介绍微课的基本概念、发展历程及开发微课对电力企业培训的作用。第二篇介绍"点线面"微课开发方法论，阐明微课开发的原则与原理。第三篇介绍"点线面"微课开发方法的实操技巧。第四篇通过典型案例介绍电力企业的常见类型微课的开发要求与质量提升技巧。

微课，众创众学，大势所趋。望本书能为广大读者提供简单实用的微课开发方法。不足之处，敬请批评指正。

编者

2018 年 12 月

目 录

CONTENTS

第一篇 概念篇：
一看就懂，知微课

微课满足了个性化的学习需求，一出现便成为教育培训领域的热门话题。企业纷纷涉足微课开发，并以比赛等形式催生了大量微课落地。但是，并非所有人都了解微课，许多员工在接触微课大赛时才开始认识微课。微课到底是什么？为什么要倡导员工自主开发微课？开发微课对我们有什么好处？这一系列的疑问需要确切答案。

知其然，才能知其所以然。本篇将围绕电力企业的微课内涵与发展说明微课的概念与价值。

知其然而知其所以然。
学习如何开发微课之前，我们需要清楚微课的基本内涵特点与作用。

"微"画像：何为微课？

微课的定义
微课的形式
微课的标准

"微"价值：为何"微课"？

微学习的趋势
微课的独特优势
电力企业的微课作用

第一章 "微"画像：何为微课

微课的定义

01

02

微课的形式

03

微课的标准

我们先从微课的定义、形式、标准三个方面认识微课吧！

第一节 微课的定义

一、电网人眼中的微课

微课作为一种新生事物，目前仍没有一个统一的定义。中国南方电网公司对微课的定义见图 1-1-1。

《中国南方电网有限责任公司微课开发规范》

微课：微课是教材的一种，指在一定的学习理论指导下，针对某个知识点（如重点、案例、流程等）或某项技能操作，为达成学习目标，通过教学设计，以多媒体手段开发形成的小型教材。

图 1-1-1 《中国南方电网有限责任公司微课开发规范》中对微课的定义

在本书中，我们从目的、形式、内容、时长四个方面对微课进行定义（见图 1-1-2、表 1-1-1）。

微课 是以学习或工作辅助为目的，阐述某个知识点或技能操作，以多媒体形式呈现的在线学习小课程。

图 1-1-2 本书对微课的定义

表 1-1-1　本书对微课的定义解析

目　的	学习或工作辅助
形　式	视频、H5、长图文、动画等
内　容	某个知识点（重点、案例、流程）或某项技能操作（如步骤、注意事项等）
时　长	不超过 10 分钟（5 分钟为宜）

我们对微课的定义，是从电网企业微课开发者的角度来理解的❶。简而言之："微课"当中的"微"是指什么，要"微"到什么程度、什么标准；微课当中的"课"是什么，是指什么形式、什么内容的课程。

二、微课的多重释义

"微课"一词自 2008 年诞生后，经过一段时间的实践发展，EDUCAUSE❷ 在 2012 年发表了文章 *7 things you should know about Microlectures*（关于微课你必须知道的七件事），言明：微课是一节短小的录音或视频，呈现某个单一的、严格定义的主题。

看到录音或视频，你会不会觉得微课也太单调了呢？那是 5 年前对微课的定义，我们来看看近年来的一些"微课"定义吧。

（一）微课的网络定义

在百度百科"微课"词条中提到："微课"的核心组成内容是课堂教学视频（课例片段），如图 1-1-3 所示。

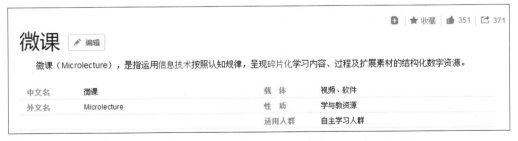

图 1-1-3　百度百科中对"微课"一词的定义

在维基百科中，"微课"的定义：微课（Microlecture）是运用建构主义方法，以利于在线学习和移动学习的方式呈现的教学内容，如图 1-1-4 所示。

这两个百科词条对"微课"做了较为宽泛的定义，它们都认为微课是在线学习资源或数字资源，从侧面反映了线下课程即使简短也不能成为微课。

---

❶ 微课作为一种新的在线学习资源，不同背景的人或组织对微课的认识有着多样化的理解。
❷ 美国高等教育信息化协会。

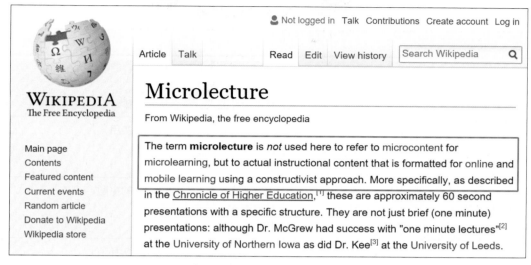

图 1-1-4　维基百科中对"Microlecture"一词的定义

（二）教育界中微课的定义

我们国内一些教育界著名的研究学者、企业培训领域的专家是怎样理解微课的呢？

对于微课，国内教育界比较有代表性的解释如下：

胡铁生 ❶ 的微课定义 3.0 版本：微课又名"微课程"，是"微型视频网络课程"的简称，它是以微型教学视频为主要载体，针对某个学科知识点（如重点、难点、疑点、考点等）或教学环节（如学习活动、主题、实验、任务等）而设计开发的一种情景化、支持多种学习方式的新型网络课程资源。

焦建利 ❷：微课是以阐释某一知识点为目标，以短小精悍的在线视频为表现形式，以学习或教学应用为目的的在线教学视频。

（三）企业培训领域微课的定义

在企业培训领域，比较著名的对于"微课"的理解来自于邱昭良 ❸：微课，是以阐述一个简单、明确的知识点、技能项，解决某个具体问题，完成特定任务为目的，以短小精悍的微视频或短时间的知识分享、学习交流活动为载体的学习资源或教学模式。

从以上几个定义看，他们对"微"的界定比较一致，单一知识点、技能或一种情景。对于"课"的理解则不同。有人认为是视频，有人则认为是各种在线学习形式。

每个阶段、每个学习领域对微课的界定都有自己的看法，我们来总结一下大家的观点吧（见表 1-1-2）。

---

❶ 我国中小学教育微课创始人，教育部中小学与高校微课建设特聘专家。
❷ 华南师范大学教育信息技术学院副院长。
❸ 管理学博士，《培训》杂志专家委员。

表 1-1-2　不同微课定义的特点

来源		特点总结
百科词条	百度百科	内容要求：碎片化、结构化； 技术要求：数字资源； 教学设计要求：符合认知规律
	维基百科	内容要求：实际教学内容（实用）； 技术要求：符合移动传播； 教学设计要求：建构主义
国外相关协会	EDUCAUSE	内容要求：单一、严格定义的主题； 技术要求：录音或视频； 教学设计要求：无
国内—学校教育领域	胡铁生	内容要求：某个知识点或教学环节； 技术要求：视频为主，具有多种形式； 教学设计要求：情景化
	焦建利	内容要求：某一知识点； 技术要求：视频； 教学设计要求：达到教学目的
国内—企业培训领域	邱昭良	内容要求：某个知识或技能； 技术要求：微视频及其他形式； 教学设计要求：达到学习目的
	南方电网公司	内容要求：某个知识点或技能； 技术要求：多媒体手段； 教学设计要求：达到学习目的

通过表 1-1-2 可以得出，前面的各项定义中，有三个共同点：

（1）内容要求：短小聚焦→某个知识点或技能点。

（2）技术要求：多媒体技术，符合在线学习要求。

（3）教学设计要求：具有一定的教学设计。

因此，即使微课在每个学习领域中的界定或呈现形式上有所区别，但是在本质上，对于微课内容和教学设计的要求是一致的。

三、微课的发展简史

如今，"微课"一词在培训领域的流行程度不亚于"朋友圈点赞"在移动社交领域的流行。教育界和企业培训领域一直倡导缩短教学时间，人们在印象中早已存在"微课"的概念。实际上，"微课"一词诞生至今只有短短 10 年而已。从产生到发展，微课作为一种新鲜有趣的培训模式，应用于不同的教育培训领域，产生了不同的含义和特点。为了明确微课到底是什么，我们不妨给微课列一列"家谱"，追根溯源，从微课的"前世"看微课"今生"的定义，如图 1-1-5 所示。

图 1-1-5 "微课"概念的发展历程

（一）"微格教学"理念（1963 年）

微格教学（Microteaching）指以少数的学生为对象，在较短的时间内（5 ~ 20 分钟），尝试小型的课堂教学，然后把这种教学过程摄制成录像，课后教师们对课堂的教学效果进行分析。

该理念诞生于 1963 年，由美国教育学博士德瓦埃·特·爱伦和布什等人倡导开发，很快推广到世界各地。我国在 20 世纪 80 年代也引进了这种教学方法，如今这种方式更多被用于训练培训师教学技能。

从这种模式来看，微格教学侧重于关注教师或培训师的教学技能提升，而不是学生们的学习体验。但不能否认的是，短课讲解＋视频录制与时下的视频微课有相同之处。例如，动画微课《一分钟让你学会写会议纪要》中就设计了一个名为"文教授"人物形象，像授课教师一样讲解会议纪要的编写要点，如同将"微格教学"录制的真人视频动漫化一样，如图 1-1-6 所示。但我们要清楚两者的目的是不同的。

图 1-1-6 动画微课《一分钟让你学会写会议纪要》片段

（二）60 秒课程（1993 年）

早在 1993 年，美国北爱荷华大学从事有机化学教学的 McGrew 教授就提出了"60 秒有机化学"课程。McGrew 教授认为，对于大多数非专业人士而言，他们并不愿意在化学上花费宝贵的时间。因此他决定，将基础化学分解成许多个"60 秒"，利用舞会、搭乘电梯等非正式场合向大众普及有机化学，他称之为"60 秒课程"。一般来说，"60 秒课程"的讲解结构是"引入—解释说明—结合生活举例"。

"60 秒课程"开发的目的是抓住人们的碎片时间来学习，这与企业微课的传播渠道是一致的。企业内部微课适合在专门搭建的学习平台播放，一些文化宣贯微课也适合在特定时期的企业电梯内、食堂、职工小家等地方播放。

（三）一分钟演讲（1995 年）

1995 年，同样身为化学教授的英国纳皮尔大学教授 T.P.Kee 提出"一分钟演讲"，他的学生们被要求用一分钟对一个知识点进行解说。解说必须紧扣主题，精炼，有逻辑，并且有一定数量的案例说明。

"60 秒课程""一分钟演讲"的内容结构与微课无异，微课的精简凝练也得益于这种由"导入—说明—事例"组成的完整有序的教学设计。如果将这些课程录制成视频，那也能称其为微课，作为课后教学资源使用。例如动画微课《正确认识客户投诉》的内容结构为"情景导入—知识讲解—举例说明—结语"，与"60 秒课程"和"一分钟演讲"的布局框架相同，如图 1-1-7 所示。

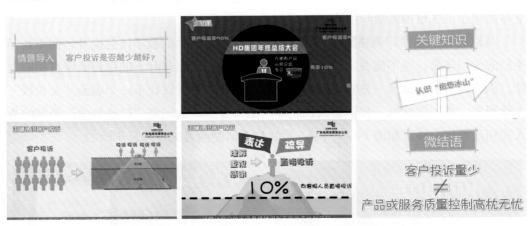

图 1-1-7　动画微课《正确认识客户投诉》片段

（四）微学习（2004 年）

2004 年，奥地利的 Martin Lindner 首次提出"微学习（Micro Learning）"的概念。这次，不仅在时长和内容上要求"微"，更重要的是形式的突破。全民互联网时代，微学习提倡的是利用网络或移动设备获取零散知识的非正式学习，碎片化的学习趋势已经显现。

"微学习"在现实中是这样进行的：首先，时限短小，不超过 15 分钟。然后，内容为极小的知识单元或单一话题。其次是形式，微学习建立在网络和移动技术的基础上，提倡随时随地开始。

"微学习"与现在的"微课"几无差别，只是现在的微课是基于真实的教学需要，而"微学习"相对来说就像是浏览网页相应地获取一些信息或知识一样，是没有明确的需求和针对性的。

（五）微课（2008 年）

随着信息技术的成熟发展，"微课"（Microlecture）这一名词诞生于美国新墨西哥州的圣胡安学院。而创始人戴维·彭罗斯给出了这样的微课教学设计步骤：

（1）列出 60 分钟课堂内想传达的关键词或关键概念，这将成为微课核心。

（2）写 15 ～ 30 秒的导入和总结，这将作为核心内容的背景解读。

（3）用音频或视频形式录制以上内容（核心概念、导入、总结），最终完成的微课在 60 秒到 3 分钟之间。

（4）设计课后任务，引导学生课后探索。

（5）将教学视频和课程任务上传至课程管理系统。

由此可见，9 年前的微课还是一个依靠音视频形式完成的完整课程项目，而非现在有图文、H5、动画等各种形式的多媒体微课件。

四、互联网学习新模式

互联网改变着各行各业，教育培训领域也不可避免。教育革新的浪潮一波接一波，在"微学习""微课"发展的同时，培训学习的另一条发展路径也在进行中。

2007 年春天，"翻转课堂"的概念在美国的一所山区学校产生，这所学校的学生由于上学往返时间过长，导致经常缺课，无法跟上学习进度。于是学校的化学教师乔纳森·伯尔曼（Jon Bergmann）和亚伦·萨姆斯（Aaron Sams）产生了一个创新的想法：用视频录制软件录制 PPT 和讲解语音，上传网络，让缺课学生在家观看，帮助学生补课。因此，"翻转课堂"是指重新调整课堂内外的时间，教师不再占用课堂时间来讲授知识信息，这些信息需要学生在课后完成自主学习，而课堂用来进行讨论和解决问题。

同年，萨尔曼·可汗创立的一家教育性非营利组织——可汗学院，主旨在于利用网络影片进行免费授课。可汗学院于 2009 年风靡全球，现有关于数学、历史、金融、物理、化学、生物、天文学等科目的内容，教学影片已超过 2000 段，其目标是加快各年龄学生的学习速度，如图 1-1-8 所示。

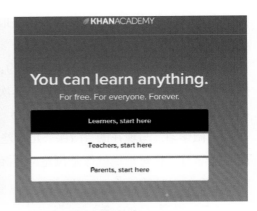

图 1-1-8　可汗学院格言——你可以学习任何内容

　　"翻转课堂"是一种学习方式的转变,但教师们发现"翻转课堂"实施起来是有难度的,因为缺少教学视频。而可汗学院正好弥补了这一空缺,于是"翻转课堂"的教学资源需求与可汗学院的免费提供学习视频"一拍即合"。

　　慕课(MOOC),英文直译为"大规模开放的在线课程(Massive Open Online Course)",该名词起源于 2008 年,教育工作者们设计了一门在线课程并号召世界各地的学生参与学习,于是起名为 MOOC。慕课给学习者带来了全新的学习体验。第一,在线教学视频的全面改进:它将视频片断化,视频之间有练习题弹出,帮助学生回顾知识。第二,评判机制优化:机器判分,同学互评,游戏化。第三,它利用社交网络形成更好的学习氛围。第四,大数据统计能够提供自适应教学反馈。

　　慕课是指在线课程开发模式,可汗学院也属于慕课模式运营下的一个平台。传统教室中,明星教师最多能给 200 学生上课。而在可汗学院平台,每次能给数千上万的学生上课。近年来,慕课模式平台在世界范围内蓬勃发展(图 1-1-9)。

图 1-1-9　国内外部分慕课模式平台

　　翻转课堂、慕课和可汗学院的关系如图 1-1-10 所示。慕课平台为"翻转课堂"教学模式提供在线学习资源,可汗学院属于其中一个有代表性的慕课平台。

可汗学院

其他在线课程平台

慕课

提供线上学习资源

翻转课堂
（线上自学，课堂讨论）

图 1-1-10　翻转课堂、慕课和可汗学院三者的关系

通过"翻转课堂"的教学模式，比照现在的企业培训，我们会发现，大型企业组织内由于员工多、地域分布广，也是采用"翻转课堂"模式来进行培训的。

电网企业内，线下培训都是小规模进行的，例如分层分级培训、小型班组学习交流会。线下培训教学对象有限，也没办法讲授太多内容，所以有必要开发线上课程，让员工自主学习。因此，在线学习平台的建设势在必行。

广东电网公司目前搭建的在线学习平台有电脑端——MOOC 学堂、手机应用端——广东电网掌上学院、微信平台——广东电网网络教育，如图 1-1-11 所示。这些平台都需要在线教学课件资源填充才能完善整个企业培训学习体系。于是，微课便成了最适合的在线教学课件资源。

扫一扫二维码，查看广东电网掌上学院使用指南

扫一扫二维码，关注广东电网网络教育微信公众号

图 1-1-11　广东电网公司网络教育手机应用和微信平台

第二节 微课的形式

从微课的定义我们了解到，微课的常见形式有图文、H5、动画和视频 4 种。这 4 种形式有何特点与区别呢？

一、图文微课：图文并茂，结构清晰

图文微课将教学内容以图文的形式进行可视化展现。图文微课主要由静态元素构成，包括图片、图形、图表、文字等。通过设计排版，将教学内容以图文的形式进行可视化展现。其典型优势见图 1-1-12。

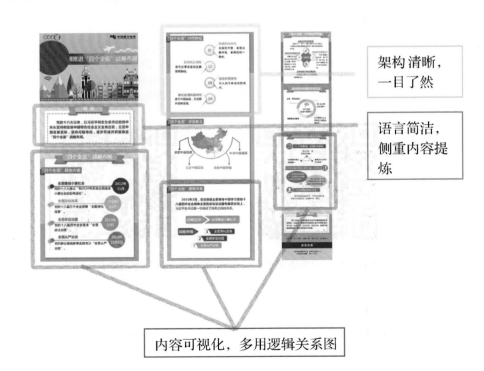

图 1-1-12 图文微课优势展示

（一）图文微课的特点

图文微课的特点在于形象直观、图文并茂、结构清晰。通过图文微课，学习者可以快速了解课程知识的结构和脉络，学习时能够做到抓重点、抓要点。

（二）图文微课的应用场景

图文微课适用于较简单的内容呈现，例如党建、管理制度、技能实操的知识原理等内容。另外，如需要进行大量对比说明、可视化呈现的数据或知识，可采用此形式。

（三）图文微课案例展示

2016 年初，习近平总书记对加强安全生产工作做出重要指示，强调坚定不移保障安全发展，为全面响应及贯彻习近平总书记的重要讲话，南方电网广东电网公司将讲话内容进行归纳总结，结合企业生产实际，开发出一门微课（见图 1-1-13），以帮助企业员工正确理解讲话内容，树立安全意识，规避安全风险。

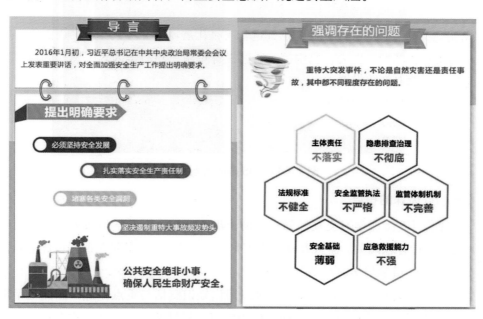

图 1-1-13　图文微课案例展示

这篇推送意在向员工灌输讲话内容及安全生产精神，强调了安全生产的问题并提出了安全生产的要求。前一张图点明背景，使人一看便能明了本微课的前因。第二张图介绍了在生产过程中存在的安全问题。通过字体颜色、背景颜色等设计手段总结问题要点，方便阅读者快速抓住重点。

二、H5 微课：跨平台性，体验感佳

H5 微课是指利用专业 HTML5 课件开发工具或 HTML5 开发技术，将多样化的多媒体素材如视频、动画、图片、文字等，根据教学设计和教学策略进行组合，辅助添加游戏、测试等互动效果，最终成品为网页形式，可提升学习者的学习体验，如图 1-1-14 所示。

图 1-1-14　H5 微课优势展示

（一）H5 微课的特点

一方面，H5 微课学习交互性强，有助于巩固知识，提升学习效果，同时可以利用 H5 技术设计答题闯关、游戏互动等学习形式。因此，H5 微课在课程设计上就需要考虑如何引导学员参与学习互动。

另一方面，H5 微课的互动设计也可以用作知识概括与重点提炼，画面上呈现知识的提炼、概括、结构化设计等，而具体内容可以设计为点击展开等交互形式，兼顾知识容量与画面简洁。

（二）H5 微课的应用场景

H5 微课适用于一般性的知识学习，例如基本知识理念、作业操作的方法步骤等内容，期间再配上合理数量的测试题对学习内容加以巩固，尤其适用于需要通过学员互动或测试来检验教学效果的知识点的学习。

（三）H5 微课案例展示

　　如图 1-1-15 所示，H5 微课除了图画、文字外，为了丰富学习体验，还可以加入音乐、旁白及交互设计，学习者可自己控制学习时间。在以上案例中，开发者还加入了一些实操视频，微课形式丰富多样，提升了学习者的学习体验。H5 微课的学习路径主要通过微信扫码来实现。如图 1-1-16 所示的二维码，拿出手机扫一扫，学习者可以快速开始 H5 微课的体验学习。

图 1-1-15　H5 微课案例片段展示

图 1-1-16　H5 微课二维码扫描体验

三、动画微课：生动活泼，令人印象深刻

　　动画微课是指利用专业设计工具，综合画面、声音、文字等多媒体手段制作而成的动态微课，画面表现生动有趣、吸引力强（见图 1-1-17）。

动画人物形态传神有趣

特定的卡通形象引导学习，加深印象

图 1-1-17　动画微课优势展示

（一）动画微课的特点

动画微课的特点是画面效果生动活泼，学习体验丰富有趣，既可以形象模拟学习情景，又能够展现抽象教学内容。在动画制作上，除去画面动态设计，再配以音乐、声效、旁白等，从视觉、听觉、感觉三方面给人留下深刻印象。

然而，动画微课虽具有其独特优势，也应该遵循一般的学习规律。一门合格的培训课程，需要具备清晰的课程结构、合理的教学设计、简明的课程回顾。动画微课的设计也应具备以上元素，以避免学习者在观看动画过程中，因注意力全都集中在画面的变化及剧情的发展，而忽视了课程知识的学习与吸收。因此，动画微课的设计，重点还是应集中在教学内容和知识讲解上。

（二）动画微课的应用场景

对于那些内容枯燥、案例居多的知识点，如公司规章制度、作业风险须知、易错点等规范点类内容的讲解，或较为抽象的学习任务，如企业文化、公司经营管理理念、员工发展、情商管理等文化理念宣贯类的内容讲解，动画微课就提供了一种有趣有料且有效的学习模式。

（三）动画微课案例展示

《欢度佳节》动画中，开篇结合我国优秀运动员傅园慧"洪荒之力"的热点事件，对画面进行了形象化、夸张化的设计，生动活泼地表达出了所有人对假期的渴望和期盼，如图 1-1-18 所示。讲解用语紧跟网络潮流，画面设计生动有趣，能够有效吸引观看者的注意力，提高课程关注度。

图 1-1-18　动画微课案例《欢度佳节》展示

四、视频微课：直观真实，带入感强

视频微课是以视频为主要载体，通过拍摄、录制、后期等一系列技术手段，形象展现知识点内容的短视频课程。同时，凭借后期特效等手段，对重点学习内容可以局部放大、重点标注，从视觉上强化学习要点，有效提升学习效果（见图 1-1-19）。

真实还原操作步骤，注意点一目了然

细节到位，直观精准

图 1-1-19　视频微课优势展示

（一）视频微课的特点

视频微课的特点在于直观真实，代入感强。真情实景带给学习者真切感受，可模拟性更高，可接受性更强。

（二）视频微课的适用场景

一般在宣传、记录、演示三大方面适合采用视频微课，例如公司形象宣传、某种现象的发展变化记录以及技术操作演示等。

对电力行业来讲，这一形式的微课适用于展现规范操作的学习内容，如演示工器具的正确使用、技术技能的实操流程等。真实的拍摄环境能够拉近与学员的距离，从心理上消除学习者的陌生感，通过模拟真实工作场景，将工作要点、操作步骤、重点环节传达给学习者。

（三）视频微课案例展示

图 1-1-20 为铁路职工填词创作的歌曲《出行简单点》MV 截图，通过图 1-1-21 所示二维码可观看该 MV。

图 1-1-20　铁路职工填词创作的歌曲《出行简单点》MV 截图

图 1-1-21　《出行简单点》MV 扫码体验

在优美的旋律下，动画配合铁路安检的实际工作要求和车站安检的画面，以风趣幽默的语言向旅客介绍了通过铁路出行时，在携带行李方面应注意什么。也许很多人观看这个视频时只是觉得好玩、有趣，但正是因为这份好玩和有趣，使得观看者以一种积极主动的心态接收视频中表达的信息。通过几分钟的时间，就让观看者记住了铁路出行的注意事项，同时对铁路交通这一行业产生了积极正面的印象，这正是微课传播的力量。

第三节 微课的标准

微课的目的是通过教学设计实现知识迁移，让学习者掌握知识或提升技能。通俗来讲，就是学员在学了一门微课后，很快掌握该门课程的内容要点。我们认为，可达到此目的的微课才是一门好的微课。这就给我们一个启示：作为微课的设计者与制作者，在设计与制作微课的时候，要以学习者为中心，真正站在学习者的角度来考虑。

本节内容以"广东电网课件评审标准"和"广东电网微课大赛评审标准"为内容基础，主要从主题、内容、形式、新意4个维度来说明优质微课的标准。4个维度的标准如下：

- 选题恰当：符合学习需求，学习目标明确，知识点聚焦。
- 内容精准：内容科学严谨，结构完整有逻辑，重点突出有层次。
- 画面美观：整体效果美观，资源运用合理，制作符合规范。
- 呈现创新：主题创新有趣味，内容设计有创意，画面呈现有设计感及创意。

一、选题恰当

关于选题选择的标准，我们可以通过一个案例来说明。下面围绕"如何进行面试管理"这个选题来分析一下。

微课选题"如何进行面试管理"，存在两个问题。一是知识点不聚焦，题目大而全，很难在几分钟内把问题讲清楚；二是学习目标不明确，缺乏明确的指向性。"如何进行面试管理"这个选题可以细分为不同的参与者，如被面试者和面试者，这两者所包含的面试流程、注意事项、面试技巧都是不一样的。细分对象后的选择更有利于进行微课的设计与开发。

一个微课选题的好坏，我们主要从选题是否恰当这个维度进行评定。而选题是否恰当很大程度上取决于选题是否聚焦，只有选题聚焦，微课的主体内容才能小而精，不会因选题宽泛导致内容顾此失彼。选题聚焦，定位明确，这是微课的一个必要条件。

那么，什么样的选题才算是聚焦呢？

聚焦的选题通常落点小、定位准，一个粗略的判断方法就是围绕一个主要知识点（技能点或主要问题），微课的主体内容能在10分钟内解释清楚。同时，主体内容能够落实到明确的学习对象和具体的学习目标。

在《设备操作的验电操作》这门微课中，主体内容是"设备操作"下的"验电操作"这一环节，学习对象是公司技能类人员及专业技术人员，定位明确；学习目标是掌握设备操作的验电操作，目标具体、可描述。从这两个方面看，这门微课符合了"聚焦"的要求，如图1-1-22所示。

图1-1-22　《设备操作的验电操作》微课片段

二、内容精准

在内容组织上面，内容的科学性、规范性、实用性、前瞻性共同决定了一门微课的质量。科学性、规范性是微课内容的基本要求，是搜寻、选取、组织内容时需要遵循的一个标准，即要求微课内容来源科学规范。内容的实用性和前瞻性则决定了一门微课是否具有广泛推广的价值，如果一门培训课程对当前工作毫无指导意义，对未来发展也毫无方向引领，那就不是一门合格的培训课程，就不值得被推广。一门好的微课，除了内容科学规范且兼具时效性外，还需要有合理的课程结构，做到逻辑清晰、层次分明、重点突出。

在微课《如何提升情商和领导力》中，内容组织上虽然结构分明，但涉及具体内容的讲解时过于简单，仅罗列出一些关键词，缺乏详细的讲解，这势必会影响一门课程的实用性。

　　对比而言，在微课《提升领导情商五步法》中，内容关键词配合了详细规范的讲解，这样的微课结构完整、要点突出、讲解详细，真正实现知其然，也知其所以然，更适合学习者自学，如图 1-1-23 所示。

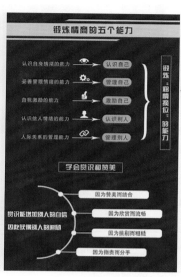

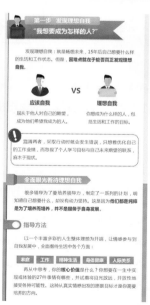

图 1-1-23　《如何提升情商和领导力》与《提升领导情商五步法》对比

　　在前文所提到的《设备操作的验电操作》中，根据内容特点，课程结构以操作流程来做切分，一个步骤配套一个操作讲解，结构清晰，内容完整。讲解内容科学规范，视觉呈现美观大方，如图 1-1-24 所示。若该课程加入一些实际工作案例，能让学习者更好地掌握操作要领，想必教学效果更佳。

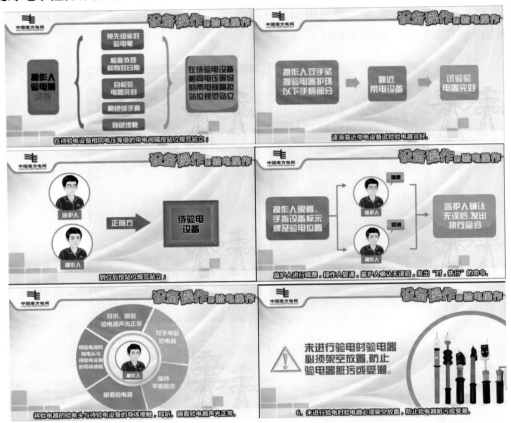

图 1-1-24　《设备操作的验电操作》微课片段

三、画面美观

画面呈现也是评价微课质量的一个重要因素。微课的呈现可细分为整体呈现、效果制作以及资源运用。这几个要素构成画面呈现的评价标准。下面我们先来看一个案例（见图 1-1-25），两个页面讲解的知识点相同，却用了不同的呈现方式。第一个页面在画面呈现上基本都是文字堆砌，所以整个画面看起来比较呆板压抑，无法刺激学习者的学习兴趣。第二个画面借助相关事件的历史图片，以图文并茂的方式将同样一个知识点讲述得更加丰富直观，这样学习者也更容易接受。同时在视觉设计上，调整了页面色调及风格。相比而言，第二个页面所传达的知识信息更显活泼轻松，有利于缓解枯燥的学习内容所带来的无趣感。

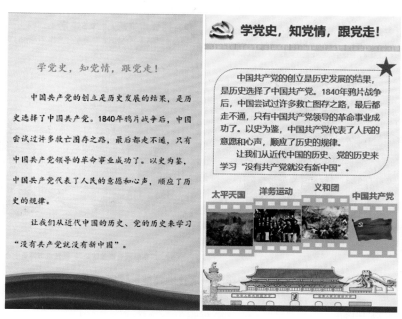

图 1-1-25　微课画面排版设计对比

在整体呈现上，教学顺序、教学策略、媒体呈现方式应当符合以下三个要求：一是符合教学目标，贴近教学内容特点和学员特征；二是能体现出课件的教学设计理念和教学优势；三是要合理运用与课程内容相关的教学资源，如视频、音频、图片、表格、文字等。但凡事过犹不及，在单个学习页面的呈现上，切勿设计过多的动态效果，一般来讲 2～3 个动态效果就够了。满足了这些要求，画面呈现自然会显得丰富多彩、生动有趣，这样不仅有助于调动学习者的学习兴趣，也能尽可能提高教学效果。

好的画面呈现除了在设计上要花一番心思外，还需要在教学语言的组织上多多琢磨。教学语言主要包括解说、旁白、对话，这类语言的撰写除了要做到语句流畅、表达准确外，还需要尽可能避免机械呆板，尽量运用口语化的解说方式，让微课的解说自然生动，仿佛有一位老师在旁边娓娓道来。

好的微课呈现还需要充分考虑学习者的学习节奏。合理分配每个页面需要呈现的知识点；同时根据一门课程的学习进度，合理分配知识重难点的讲解位置，把握好教学节奏，层层递进。

下面我们来看一则例子，由广东电网培评中心制作的《安全生产之接地技能》的漫画微课，枯燥严谨的安规知识配合有趣生动的情景漫画，如图 1-1-26 所示。画面简洁有趣，内容贴合实际，很容易吸引学员的兴趣。所以，即使是简单枯燥的内容，只要通过巧妙的教学策略和画面设计，也可以生动有趣地呈现。由此可见，画面呈现对于微课质量具有重要的作用。

图 1-1-26 　《安全生产之接地技能》漫画微课

四、呈现创新

　　微课的主题、内容、画面都是决定微课质量的重要标准，另外有一个重要的因素，那就是微课的呈现创新。一门有创新性及鲜明特色的微课，总能让受众眼前一亮，印象深刻。这在很大程度上能够刺激学员的学习兴趣，进而提升微课的教学效果。那么，要怎样去衡量这样一个标准呢？

　　在《九言真经——回阳神功和吻醒神技修炼手册》H5 微课中，其主题是讲解心肺复苏的方法步骤。该微课的最大创新及特色是将整个内容情境设定在一个武侠的故事背景下，通过答题闯关、不断升级的方式，完成整个知识点的讲解。开发者将要讲授的内容用武侠、戏剧等这些创新元素进行包装，通过问答互动的形式让学习者参与其中。同时在画面呈现上，做到排版清晰，画面配色与元素都围绕武侠风展开设计，与故事主题保持一致，如图 1-1-27 所示。通过图 1-1-28 所示二维码可观看该微课。对于这一类具有鲜明特色的创新微课，更容易调动起学习者的学习积极性和主动性，并从中获得良好的学习体验。

　　一门好的微课，在主题选择上既能够体现明确的定位，又具备科学合理的组织结构，在符合教学要求的基础上又有一定的创新性、趣味性和启发性，同时在画面呈现上富有创意，能够灵活运用色彩搭配、排版设计，使其为内容学习服务。

图 1-1-27 《九言真经——回阳神功和吻醒神技修炼手册》微课画面展示

图 1-1-28 《九言真经——回阳神功和吻醒神技修炼手册》微课扫码体验

第二章 "微"价值：为何"微课"

微学习的趋势

01

02

微课的独特优势

03

电力企业的微课作用

我们先从微学习的趋势、微课的独特优势、电力企业中微课的作用三个方面认识微课的价值吧！

第一节 微学习的趋势

一、互联网时代下的学习趋势

　　根据中国互联网络信息中心（CNNIC）2017 年 8 月发布的第 40 次《中国互联网络发展状况统计报告》显示，截至 2017 年 6 月，中国在线教育用户规模达 1.44 亿人，其中，手机在线教育用户规模为 1.20 亿人，比 2016 年底增长 22.4%。

　　信息技术的发展与互联网的快速普及为移动学习提供了应用的平台与土壤。今天，平均每人每天看手机的次数不下 10 次，人们也越来越热衷于通过手机来获取知识。移动互联技术下的微学习正逐渐成为一股新生力量，既深刻影响着我们的工作学习，也不断催生出企业管理培训的变革。

　　微学习就是随着移动互联技术而出现的一种新的学习形式，在数字化学习的基础上，通过移动互联网技术给学习者带来全新的学习模式和学习体验。微学习被认为是一种未来的学习模式，或者说是未来学习不可缺少的一种模式。因为没有地域、时间、人员的限制，人们可以利用碎片化的时间，通过手机快速获取知识和信息，满足了快节奏生活下人们对学习的需求。与传统的学习方式相比，其特点主要表现为移动化学习和个性化选择。

移动化学习是对数字化学习的一个扩展，灵活多变的学习方式能够让我们随时随地获取信息，无论是在出差的路上，还是等待的间隙，通过移动设备，都能快速、高效地获取想要的知识信息，这是移动微学习给予我们的最大方便。

个性化选择是微学习的另一个鲜明特点，它具有传统学习无法比拟的灵活性和选择性。因为在微学习的教学模式中，可以将内容知识点进行细化，一个知识点形成一门微课。微小的知识单元更容易根据学习者的学习需求进行调配与组合。学习者可以利用自身碎片化的时间，根据自身情况，有针对性地选择想要了解的内容。

二、互联网影响下的学习困难

如前所述，科技会缩短人们的注意力。人们的平均注意力广度已从 2000 年的 12 秒下降到 2013 年的 8 秒。

一个有趣的对比数据是，金鱼的注意力是 9 秒。换言之，在 2013 年的时候，人类的注意力广度已经不如金鱼了。

互联网技术的快速发展一方面给我们来带了丰富的信息表现形式，另一方面也正悄然改变着我们的认知模式。过去我们的很多学习是需要深度注意力的，但如今沉浸在互联网世界的我们，会同时遇到多个吸引注意力的信息源。这种信息生态环境的变化，给我们带来了快捷方便的同时，也带来了新的学习挑战。

学习者注意力不易集中。微学习的完成通常是以移动学习的方式展开的，而移动学习情景的随意性和休闲性会分散学习者学习的注意力。在移动学习情境下，学习者所处的环境是复杂多样的，可能在嘈杂的大街上，也可能在安静的图书馆，还可能边吃饭边学习，但有一点可以肯定的是，学习者的周围存在多种干扰因素，这样学习者就无法完全沉浸在学习当中，也很难保持较长时间及较高的注意力。

学习者需要具备较高的学习素养。移动学习是建立在一个完全自主学习的环境下的，这就需要学习者在繁杂信息中自行判断信息质量的优劣。同时，学习者在进行微学习的时候，更多是一种自学的状态，是人机的对话，与传统学习模式具备丰富的情感体验相比，这将使得人与人之间的情感交流越来越贫乏。

但不管是机遇还是困难，不可否认的是微学习正在逐渐成为一种新的学习趋势。移动互联技术的发展成为了催生微学习这一新型学习模式的客观条件，认知模式的改变则为微学习的发展奠定了内在基础。它是移动互联技术发展及认知体验改变所带来的必然产物，也是这个时代的产物，具有鲜明的时代特征。

第二节　微课的独特优势

微学习与微课是紧密相关的，微课是将大块的知识进行系统的碎片化处理之后的表现形式。学习者利用自己的碎片化时间，学习这些经过体系化处理的微课，并搭配在线测试、个人阅读或作业等一系列在线学习活动的过程，就可以叫做微学习。

在培训行业，微课目前已经成为众多企业培训的宠儿，不仅获得企业管理者的高度关注，还吸引越来越多的相关从业者进入微课培训行业。那么，微课究竟有什么独特魅力与优势呢？

一、碎片化学习

社会形势变化速度越来越快，人们的生活节奏也逐渐加快，企业的经营管理也随时代的变化日益复杂。为追求企业培训效率最大化，同时降低企业用人成本，需要员工能在较短时间内补齐专业短板，掌握相关知识和技能。而微课碎片化学习的特点恰好满足了这种需求，利用员工的碎片化时间，以符合他们兴趣的形式将复杂的内容呈现出来，即学即用，为企业节省下不少时间成本，在激烈的竞争局势下站稳脚跟。

对碎片化学习的内涵可以从两个方面去理解，一是内容上的碎片化学习，二是时间上的碎片化学习。

（1）内容上的碎片化学习。以基层员工培训学习为例，电网行业员工人数众多，且每个人在专业、兴趣、需求、长处、短板、认知风格等方面存在明显的个性化差异。

传统的"一门课程，共同学习"的学习方式，时长在40分钟到1小时不等，这对于部分技能水平高的员工来说无异于浪费时间；对公司来讲，这同时也是一种人力资源的浪费。而微课就是将完整的学习内容切分成多个小的知识单元，对其进行碎片化设计，配以多样化的学习形式和课程组合。员工可以根据自身兴趣及需求选择最合适的知识单元和课程，极大地释放了学习者的培训时间。

（2）时间上的碎片化学习。以干部培训为例，领导干部相比普通员工，在学习上能花费的时间更为有限，但对提升自我的需求又很迫切。在时间上，此类培训很难采用以往小班教学、讲座式、集中讨论式的授课模式，而微课碎片化学习的方式恰可以解决这个问题，学员可以在任意时间、任意地点，使用任意移动终端设备开启碎片化学习之旅，有效解决了干部学习与工作的矛盾，真正实现想学就学、按需学习。

二、自学为主

作为目前全国最大的省级电网，南方电网广东电网公司坚持经济责任与社会责任相统一，践行"以人为本"的核心理念，将员工与企业共成长作为教育培训工作的最高目标。作为技术、管理密集型企业，南方电网广东电网公司在开展常规业务培训的同时，进一步转变培训理念，正逐渐从以往的"以教为中心"向"以学为中心"转变，积极探索创新型培训模式。

微课是一种系统化培训框架下的小课程，学习者可以使用电脑、智能手机、iPad等工具进行自主学习，通过这种方式扩大学习者的学习空间，让学习变得更加自主、自由。同时，因为每一门微课所包含的知识点简单明确，自学难度小，学习者在自学过程中并不会产生过多的学习压力，还能自主掌握学习节奏。个性化学习和自主掌控节奏能够从根本上激发学习者学习的热情与兴趣。

三、微学即用

传统意义上的学习是一个线性的过程，课程开发者会按照ADDIE的方式展开教学设计，进而要求学习者按照一定的逻辑顺序把相关的内容全部学完并进行测验。然而，在微课的学习范畴中打破了这样的学习惯性。我们需要有这样的意识，一门体系完整、内容翔实的课程并不一定就是一门好的课程。从部分学习者的角度出发，也许只需要学习课程的其中一两个知识点就足以满足工作需求了。

在微课的概念里，每次学习就只针对某个特定的知识点，会使注意力更加聚焦在工作的核心、重点和痛点上。而站在企业的角度，对人员的培训只是一种手段，其最终目的是使员工更好地开展工作。那么微课开发周期短、形式灵活可选的特点，既能够满足企业业务的快速更新和培训工作的及时到位，又能使公司通过快速开发微课，迅速指导工作。

四、互联传播

由于微课的定位及学习时长的限制,表现为微课知识容量小、占用存储空间小的特性。随着学习内容的碎片化,以及智能学习终端的广泛应用,微课的资源粒度会变得越来越小,这为微课能够在学员社交群里进行广泛传播创造了条件。

以往传统的在线学习课程,在课程传播上是一种以组织为中心的学习模式,需要有专门的学习平台及学习账号,课程形式也相对单一。而微课恰好避免了这些问题,微课的形式丰富多样,包括 PPT、动画、视频、图文、H5 等课程形式,这些都可以方便地以移动设备为播放媒介,借助移动互联网和社交媒体进行快速传播。

同时,利用微课易于传播的特点,除了在公司培训中从上至下传播外,在各个学习者之间也可以利用社交媒体轻松传阅,甚至展开互动讨论,形成一定范围的学习微社区。

第三节 电力企业的微课作用

一、电力企业培训难题

电网企业主营电网投资、运行维护、电力交易与调度、电力营销、电力设计、施工、修造、科研试验、物资等业务。大部分业务对员工的专业素质要求很高,对安全生产的要求也非常高。稍不注意,就会埋下安全隐患,引发作业危险,甚至发生安全事故。

因此，企业在作业管理流程、员工专业技能、安全生产管理上提出了更高的培训要求。

通过岗位胜任能力考核发现，员工整体的专业能力还有很大空间没有释放。因此，从企业发展和员工成长的角度来看，企业很有必要通过专业培训来提升员工的专业能力与综合素质，让员工的个人能力与公司的未来发展相匹配，这样才能提高企业的核心竞争力，实现企业的可持续发展。

从现阶段企业培训情况来看，整体存在以下几个方面的困境：

（一）在岗学习需求量大

近年来，电力企业迎来了新一轮大发展的机遇，电网规模不断扩大，电网技术飞速发展，对员工技能的要求越来越高，换言之，这些外部环境进一步扩大了员工的在岗学习需求。

员工的在岗学习需求大，企业培训的工学矛盾就会凸显。导致工学矛盾的原因很多，既有员工主观意识导致的工学矛盾，例如培训对员工缺乏吸引力，员工参与意识不高，甚至有抵触情绪；也有客观因素导致的工学矛盾，例如人员配置不合理，基层生产岗位配备人员不足，无形中增加了一线员工所需要承担的工作与责任，大部分时间用于完成工作任务，根本没有时间考虑自身专业学习和能力提升的事情。

目前，很多培训课程会存在一个现象，即课程内容庞大，知识点较为系统。其中很多培训课程是对某一类知识的体系化讲解，如课程内容既罗列了制度与各类规章，也包含了运行管理、操作指南、事务处理指南等。这些大而全的课程，对于新进公司的人员来讲是一项很有必要的学习，但对于沉浸电力行业多年的老员工来讲，对其中的大部分内容已经掌握。但是站在课程的学习角度，还是需要从头至尾全部学习一遍，这对本就任务繁重、时间紧张的员工来讲，无形中增加了学习压力。

在岗学习需求量大，企业培训管理部门也在想方设法去应对这样的学习需求。本节尝试从培训本身出发，在培训课程、学习时长等方面深入思考如何应对越来越大的个性化培训需求。

（二）讲师培养周期较长

由于电力企业员工基数大，地域分布广，专业序列多，在培训管理上需要投入较大的人力、物力、财力，才能保证培训工作落实到位。电网企业自身业务特殊，以技术技能类培训为例，这一类的培训必须由具备丰富专业经验的内训师来开展。如果聘请外部专家长期开展这种培训，不仅额外增加企业培训成本，可能还存在外部专家因不能足够了解企业内部情况，培训目标把握不到位的情况。据此，目前的解决方案是培养企业内部员工成为内训师。

以南方电网广东电网公司的内训师管理为例，内训师采用分层分类分级管理模式，按层级划分为省公司级内训师和地市级内训师。被选拔为内训师的人才，一般需要经历"导引培训——课程设计与开发培训——授课培训"这一培养流程，期间耗时少则3个月才能培养出一个初级内训师。如果要培养一个专业内训师，需要3～5年甚至更久，具体时长因内训师自身情况以及公司内部要求而定，如图1-2-1所示。

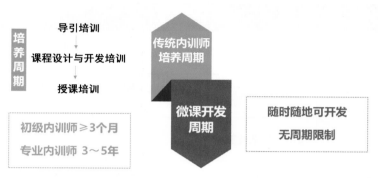

图 1-2-1　传统内训师培养周期与微课开发周期时间对比

与内训师的培养不同的是，开发微课是可以随时随地进行的，随时有需要随时就能安排开发制作。

由此可见，微课开发的周期要远远短于传统内训师培养的周期。然而，目前电力企业正处于快速发展的时期，人员不断增加，业务不断更新，管理流程不断调整。在这种大环境下，由于传统的内训师培养周期长、成本高、专业化程度高，已经难以快速契合企业快速发展下的培训需求了。

（三）培训价值难以放大

面对当前快速变化的市场环境，企业培训组织者要承担的培训责任也越来越大。对于企业培训的组织者来讲，需要深入思考培训要如何推动公司业务发展，如何把真实学习需求跟培训内容有效契合，如何检测、追踪员工培训效果等一系列问题。从培训内容来讲，培训部门要更快调整培训内容，以便适应企业推出的新产品、新服务，新业务流程等。与此同时，培训部门还需要面对培训参与率低、转化率低、组织困难、成本高等这些一直存在的培训难题。南方电网广东电网公司作为大型电力企业，员工队伍庞大，分布地域广，下属的各个地市局及各单位，在培训要求上也各不相同。

而对于员工来讲，不管是面授课程还是线上课程，需要做的就是将培训成果转化为自身的能力，真正发挥自身应有价值。然而，目前企业培训基本以学习和掌握既有知识和技能为中心，很多培训还是沿袭以往的学习模式——"老师讲，学员听，考试测"，这种模式容易让学习者产生枯燥无聊的情绪，对培训失去耐心与信心，不能激发学员的创新能力，培训还是局限在浅层作用。

另外，我们也逐渐发现真实岗位学习需求与培训课程内容设置之间的契合并不是十分紧密。举例来讲，电网业务中每个专业序列下都会有一系列的培训，以"配电线路和设备定期巡视"岗位的培训为例，该岗位要求员工需要具备的能力要素见表1-2-1。

表1-2-1　配电线路和设备定期巡视课程内容示例

岗位作业	分类	能力要素
配电线路和设备定期巡视	制度规范	配网运行管理规定、实施细则 ……
	知识原理	配电一次设备 ……
	通用性基础技能	配电线路第一种及第二种工作票 ……
	工器具和仪器仪表	红外测温仪 ……
	岗位作业安全	配电巡视作业安全及预控措施 ……
	—	—
	岗位作业技能	10kV干式变压器巡视 ……

由于该岗位上的员工所具备的能力不一，所以充分利用有效培训时间，对员工展开针对性的培训学习，采用模块化课程的培训方式将更为合适。简而言之，采取微课的学习形式，既能满足员工自主选择学习模块的需求，又能缩短学习时长，加强岗位需求与培训之间的契合度。

总结来说，企业培训中不管是组织者还是学习者，都需要进一步挖掘培训的潜在价值，突破目前培训模式的一个局限，加强真实学习需求与现实培训之间的契合度，寻找一种新的培训模式，进一步扩大企业培训价值。

（四）知识更新难以加快

在企业的发展过程中，外部市场的环境会随时发生变化，而内部运营环境也会随之调整，公司的管理培训、培训知识都需要与公司的发展步调保持一致甚至超前。

一般企业培训管理的知识更新主要来自三个方向：①企业战略变化会引发组织内员工工作任务的变化，也会对员工的能力提出新的要求；②从岗位业务来看，业务发展变化中遇到的问题也需要通过调整员工岗位要求来应对；③从人力资源角度看，人员存在流动，更需要通过培训手段来提升其能力，以胜任新的岗位要求。

应对以上变化，需要及时调整培训计划并适时推出培训课程。然而，目前的困境是传统在线课程开发时间长，且各岗位之间培训的侧重点不同，又没有足够的资源去制作所有岗位的定制化课程，这种情况下的培训课程内容只能大而全，以满足大部分学习者的学习需求。

一门传统课程开发，需要经历"确定课程目的－需求分析－确定课程目标－课程设计－单元设计－阶段性评价与修订－课程实施准备－课程实施－总体评价"这一流程，耗时少则一周，多则数月。

一门微课的开发，需要经历的是"需求调研－主题、形式确定－资料收集－资料筛选－定大纲框架－撰写脚本－设计制作－修改确定"这样一个流程，一般只需几天，即使是复杂或质量要求高的微课，也会在两周左右的时间内完成。传统课程与微课在开发流程上的对比如图 1-2-2 所示。

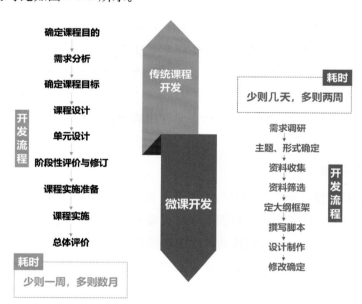

图 1-2-2　传统课程开发流程与微课开发流程对比

由此可见，同样的时间，可以开发出更多更全面的微课。

除了需要认识到培训知识更新的来源外，还需要意识到更新的频率也正在越来越快，频次越来越高，给企业经营与管理带来不小的挑战，也给企业培训带来更大的负担，这就要求企业培训部门及时灵活地拿出相对应的培训课程及培训方案。

由于传统课程开发时间长，流程复杂，并不能很好地适应快速变化的培训需求。这种情况下需要思考，如何使企业培训紧跟企业变化和业务变化，及时快捷地推出相对应的培训内容及学习课程，让培训资源的运转越来越高效。

二、微课带来的契机

这是一个共享的时代，共享生态不仅体现在出行方面，知识共享也同样重要。自古以来，信息交换、经验交流是减少重复劳动，使人力、时间资源得到最优化利用的有效手段。现如今，网络和大数据的应用让知识共享的效率提高，信息获取更具针对性。

"微课众创，人人为师"就是在互联网快速发展的背景下产生的企业培训新观点。

现在，"80后""90后"这代人更愿意使用多媒体，这一随着互联网浪潮成长起来的人群，对于新事物、新挑战的接受程度更加开放，更乐于走上台前表达想法，彰显个性。微课这一新的形式正好契合了该群体的心理，让每个人的声音、观点有了更多的表达渠道。

因此，当电力企业需要解决专业化、多样化的岗位专业培训时，众创微课是一个关键突破口。

（一）随时随地在岗学习

不断变化的世界，给企业经营与管理带来更多的挑战，也给企业培训带来更大的压力。对许多培训管理者来讲，培训工作既重要又茫然。如何让企业培训工作站在企业战略的高度，成为企业业务的推动者，一直都是培训工作的一大挑战。

企业众创微课的模式，可以打破企业目前培训模式的局限，引入新的培训模式，让企业的管理者和业务骨干参与进来，充分挖掘他们宝贵的工作经验和业务能力，利用微课的形式进行创新总结、提炼、迭代、传承，进而形成可传递可复制且鲜活实用的业务知识，让培训课程真正贴合工作实际，让企业的培训工作真正助推企业业务发展。

微课的学习方式灵活便捷，具备了传统培训所没有的实时性和移动性，不受传统培训和一般网络培训的时空限制，仅凭一个链接或一个二维码就能通过手机APP、微信公众号平台、微信朋友圈、微博等媒体渠道进行传播和分享。员工可以随时随地利用空闲时间学习针对性的业务知识和专业技能。同时，负责培训工作的员工也不必再利用节假日进行企业培训，这样灵活的学习方式极大地方便了无法接受常规课程的学习者，使其能够利用碎片时间，在每天繁忙的工作中更好地安排自己的工作、学习和生活。

总而言之，将微课运用于企业培训，不仅能满足企业在岗学习的需求，更重要的是微课是一种适应现代社会的学习方式，不但打破了传统培训方式的约束，还拓宽和丰富了企业的培训方式。

（二）一线难题一线解决

对于企业来说，最了解企业业务流程和业务真实状况的莫过于一线员工，他们最清楚自身业务岗位上的业务重点、工作流程和管理要点等，甚至在长期工作过程中逐渐积累了丰富的经验，这是任何制度条文或业务指导书中所没有的。

日常工作中，员工发现问题并尝试解决问题的这一过程，就是岗位上宝贵业务经验的形成过程。解决问题之后，对这一过程的反思总结就是宝贵经验的沉淀过程。传统培训课程的形成往往通过邀请内训师开发相应课程并授课。这种从上至下的培训模式，对于专业化程度较高的技能类课程培训，效果往往一般。

在众创微课模式下，通过微课开发方法的培训，倡导一线难题一线解决，引导一线员工将工作中碰到问题、解决问题的过程通过微课的形式保存下来，进而传授给同一岗位的员工。这样制作出的课程内容能够真正贴合工作实际，切中岗位培训要点，直击业务痛点、难点，使组织的经验得以有效的传承与迭代更新，真正帮其他员工解决实际工作中遇到的问题，充分挖掘工作岗位上宝贵的业务技能和工作经验，使培训的价值最大化。

众创微课的模式能让每一位员工参与其中，他们既是内容的学习者，也是内容的生产者。这种模式下，传统内训师在培训流程中所扮演的角色将被大大弱化。现在，面对一门微课的开发，即使没有任何课程开发经验的员工，只需要稍加培训，也能开发出一门合格的微课，这就是众创微课的魅力，培训课程的设计与开发再也不会局限在内训师这一小波人身上，而是应用于所有员工，将教与学的角色完全融合。

（三）培训成果高速转化

桑代克和伍德沃斯的同因素理论认为，培训成果的转化区别于培训任务、材料、设备和其他培训学习环境和工作环境的相似性，受训者的工作任务与培训期间所学的内容完全相同时，培训成果才会有较好的转化。

传统的面授培训和网络课程培训为了实现培训目标，投入了大量的人力物力财力，且需要专业的内训师去开发培训课程。而培训微课能够实现企业培训目标的同时，还能缩减培训成本和培训时间，提高企业竞争力的同时减轻企业负担。

微课可以减少企业培训成本，扩大培训覆盖面。企业众创微课，既能摆脱面授课程中培训师的聘用、场地租用、差旅等诸多项培训费用，还能避免因长期面授培训，员工脱产学习造成的人力成本开销过大的问题。而且，微课培训还能弥补一般网络课程开发周期长、开发要求高的局限，能够实现快速制作、简易开发。

使用微课培训，不但能帮助企业减负，还能缓解员工的培训压力，因微课学习平台集中在移动端，有利于培训在工作中的转化。例如在工作时遇到了困难，就可以通过移动终端进行学习或查询，培训过程深入工作场景，以解决问题为核心，可实现培训成果的及时转化。

此外，基于数字化学习资源的微课，因其制作简单、方便传播的特点，能够在企业培训中构建共建共享的学习生态。在课件开发过程中，学习者和教学者都参与其中，学习者对工作学习实践中出现的困难与问题及时记录与总结，是课程开发的第一手资料，众多员工可以共建培训内容。在此基础上，利用多媒体学习平台，将优秀的微课广为传播，实现资源共享。通过微课的开发，提高员工的课程开发能力，挖掘宝贵经验，将企业隐性知识转化为可供学习的培训课件。

（四）快速开发快速制作

针对在线课程，企业采用集中采购与定制化开发两种方式。对于通用类课程，选择集中采购；对于那些专业性很强的培训内容，引入外部课件服务供应商，通过内外协作的方式共同开发。但后者往往有一个客观问题，那就是课件开发周期长，项目商业流程复杂。若培训需求较为迫切，这样的课程开发模式就表现出了明显的不适应。

微课形式多样，制作简单，无论是基于电脑还是智能手机，都可以很方便地进行微课制作。

从微课制作的工具来讲，无论在电脑平台还是手机平台，有很多免费、实用的工具软件，如音频编辑软件、录屏软件、图片处理软件、H5 制作工具等，借助这些工具，任何人都可以制作各种形式的微课。

从微课的课程开发角度来讲，这种短小、内容集中的课程类型并不需要涉及过多的开发技巧，也不需要由专门的内训师进行开发。一名企业普通员工，即使是从未开发过课程，只要懂得业务，也能制作出一门合格的微课。

综合而言，无论是开发技巧和制作技术，微课都降低了内容设计与开发的难度，可以让企业员工都参与进来，可以快速应对培训需求，在有限的时间内实现培训的快速调整，满足企业业务发展和学习者提升技能的需求。

目前，企业在微课培训方面正处于摸索阶段，也已经开发了不少微课，形式包括图文、视频、动画、漫画、互动网页等。但在微课培训上仍存在一些问题：一是微课体系还没有完全建立起来，目前都是一个个孤立的微课件，众多微课的知识点分散、孤立，很难发挥微课应有的价值；二是微课的开发仅靠小部分专业人士完成，微课内容来源有限，工作推进慢。

　　希望借助本书，越来越多的人掌握微课开发方法，广集民智，搭建微课知识体系，弥补传统课程培训的短板，既有效节约成本、提高效率，又能有效沉淀员工智慧，丰富企业的知识库。

第二篇　理论篇：
一点就通，明微课

微课聚焦于单一的知识点或技能，知识结构比较简单。但对于大部分缺少课件开发经验的电网员工来说，仍是一项比较艰巨的任务。

在一次企业微课大赛评选活动中，主办方为了给参赛者提供更专业的微课开发技术指导，建立了选手互动微信群。

其中，群聊里有些问题体现了大家对微课开发的共同困惑。我们来看看：
- "我这微课做出来为什么没人愿意看？还是动画呢。"
- "我明明在PPT里面插入的是动图，为什么一放进去就都不动了呢？"
- "别人做图文都能获奖，我做H5这么辛苦啥奖都没得。"
- "很多人都做视频，看起来就比PPT高大上多了，我要不要也做视频，可怎么做呢？"
- "内容太多了，不知道该删什么，感觉都很有用。"

由此我们了解到，微课开发的技术难点仅依靠一两期的训练班不足以突破，只有在实践过程中真正遇到问题时才会发现自己的难点。

那么如何有效指导电网员工自主开发微课呢？南方电网广东电网公司多年来一直紧跟移动学习的潮流，在企业微课开发过程中不断探索，积累了丰富的开发实战经验，并在过往几届微课大赛中与培训行业内的课程开发顾问交流，结合科学合理的教学模型，最终提炼出"点线面"微课开发方法论。

"点线面"微课开发方法论

"微"定点——解决选题不实用、不聚焦、内容超时长的问题

"微"连线——解决内容没干货、语言枯燥乏味、缺少创新特色的问题

"微"成面——解决设计不会做、软件工具不会用的问题

"点线面"微课开发方法的具体内涵

 "点线面"微课开发方法论
涵盖微课选题、内容撰写、
设计制作的全流程指导。

"微"定点——选题如何定 **点**

需求点锁定
目标点锚定
知识点聚焦

线 **"微"连线——内容如何讲**

逻辑线构建
内容线组织
脚本线撰写

面

"微"成面——设计如何做

视觉面呈现
听觉面呈现
交互面呈现

"微"定点是指明确微课开发需求、目标与知识点，以得到明确聚焦的微课题目。

"微"连线是指依据微课题目与知识点，搭建逻辑大纲，收集并组织内容，依据内容材料撰写微课脚本，以完成微课内容的准确流畅表达。

"微"成面是指从微课呈现的视觉、听觉、交互的三个维度出发制作不同形式的微课。

"点线面"微课开发方法论的优势

为何我们认为"点线面"微课开发方法论更适用于电力企业的微课开发呢？

一、开发模式简单化

微课本质上是课程，但其"微"的特点是与传统培训课程最大的区别。如果按照一般培训课程的开发模式或套路来开发微课，未免大材小用。

"点线面"方法论借鉴了ADDIE模型、SAM敏捷迭代课程开发模型中的选题、内容开发基本流程，将方法与自身企业微课开发经验有机结合，提炼出只有三大主要步骤（点、线、面）的简易微课开发模型。

二、指导方法全贯穿

简化课程开发的流程和步骤是否会让"点线面"方法论缺乏核心指导作用呢？实际上我们的提炼和简化并非少头缺尾，恰恰相反，"点线面"方法论比现有的一些微课教学设计模型更实用。

纵观当前的微课开发理论模型，都属于教学设计模型，如 KFC 模型，它通过激发（Kindle）学员的兴趣，引导（Facilitate）学员完成学习过程，强化（Consolidate）学员进行应用，形成完整的教学方案。此外，还有 PRM 模型，该教学设计通过现象或问题的呈现，然后分析原因，最后提出解决该问题的措施。

这些模型对于微课开发新手来说很容易理解，不需要复杂的理论学习就可以掌握套路。例如，电网员工小宇想要开发一门关于"配电站的巡视"的微课，他就可以运用 KFC 或 PRM 模型去设计微课，通过一个巡视时发生安全事故的案例引入，然后分析事故发生的原因，最后提出规范的巡视工作流程。这个讲解模式是典型的微课授课思路。但这些模型缺少微课选题设计、脚本编写、包装制作的方法，不能贯彻始终。比如前面的例子，小宇用这种思路开发微课需要很好的脚本写作能力和设计制作能力才能将想法落地。而"点线面"方法论提供的就是更完整的开发模型，并非只是思路上的指导。因为对于微课开发新手，只"指路"，不"带路"，仍会障碍重重。

三、方法工具表单化

在企业管理中，规范化的工作流程能直接指引员工行为。电网系统内，业务流程复杂，普遍存在安全风险，为了让工作流程规范、科学，提高工作效率，确保服务质量，工作表单的应用很常见，相信电力企业内员工对此并不陌生。"点线面"方法论也相应地根据这一特性，将方法、技巧梳理成表单形式，让微课开发更专业、标准。开发者能通过表单，清楚知道开发过程的每一步该怎么走，每一步该完成什么内容，达到什么要求。

第一章 "微"定点——立足体系，聚焦主题

俗话说，万事开头难。对微课开发而言，"定点"便是开端，只有走好这第一步，后续的工作才好开展。"微"定点确定的是微课选题，要求开发者立足体系，聚焦主题。

立足体系即选题符合企业员工的学习需求，符合企业培训价值的要求。

聚焦主题即要求微课选题精准，符合学习者的学习目标，知识点具有针对性，符合"微"的学习时长要求。

因此，本章将介绍微课选题的三大原则：符合学习需求，有明确的目标，知识点聚焦。围绕三大原则，开发者需要了解其内涵、对微课开发的重要作用及具体的理论要求。

第一节　需求点锁定

开发微课，首先要确定选题，即微课讲什么内容。很多员工愿意自主开发微课，但苦于不知道该如何确定选题，更担心自己开发的微课无人问津。所以一个有价值的微课选题必须通过需求分析和印证，使其符合他人的学习需求以及组织的学习要求。

需求点

微课开发中，需求点指员工了解某个知识或掌握某项技能的愿望。

一、需求匹配的重要性

微课的价值应由学习者说了算，他们学习后觉得对自己有启发，能按照微课提到的方法去执行，才算是一门好的微课。因此，分析目标学员的学习需求，是微课开发的首要工作，它是微课选题的起点，能够决定微课选题方向是否正确。

培训与学习需求匹配有多重要呢？

举个例子：

> 某供电局营业厅的李班长发现近期收到的客户投诉较多，她想要解决这一问题，如何解决呢？
>
> 可以通过开发微课来指导营业厅班组人员做好客户服务工作。从接到的投诉中发现，客户投诉最多的问题就是营业厅人员服务态度差，虽然李班长在日常工作中没发现班员们存在特别不礼貌的现象，但她还是觉得可以开发客服礼仪相关微课，让大家注意服务细节。因此李班长开发了"接待礼仪、面谈礼仪、电话礼仪"等一系列微课。
>
> 班组人员学习后，营业厅投诉率并没有多大的改善。
>
> 那么问题出在哪里呢？
>
> 李班长与全体班员开会讨论，鼓励大家畅所欲言，然后才发现了背后的原因。
>
> 其实班员们的服务态度一直都非常好，做到了微课所教的客服礼仪。客户之所以投诉服务态度差，并非员工对待客户没礼貌或产生言语冲突，而是客户认为员工处理诉求不及时，让客户觉得客服人员在"踢皮球"。但实际上，有很多问题是营业厅客服人员没办法解决的，只能将情况反映给其他班组处理。

上面案例启示我们，微课开发不能仅从从自身的角度出发，而要从员工真正的学习需求出发，这样开发出来的微课才具有应用价值。

例如公司举办"安全文化"为主题的微课大赛，有员工就制作了"家庭安全用电"的微课，这类微课看起来比其他主题的微课受众更广，适合非专业领域的普罗大众。实际上，对大部分员工来说，这类微课意味着"挺有趣，但内容都很简单，没有什么学习的必要"。这种微课无论做得是否有趣，对于电力企业的员工来说都是早已掌握的基础知识，而且这种面向大众的科普型微课在生活中很常见（如电视公益广告），也许大家会因为形式创新而出于好奇点开看看，但也不会在此微课上逗留太久，可能看几十秒就会关闭。

因此，微课开发必须从受众真正的需求点切入。

二、关注业务挖需求

那么在电力企业中，有哪些微课开发的需求呢？

企业微课的开发需求要从工作业务中去挖掘，始终围绕业务重点、痛点、热点来开发。

（一）重点

重点指提供学员一些工作业务中必要的基本内容，帮助学员巩固和提升。例如在公司岗位技能要求中，配电运维班作业员和急修班作业员应该具备 10kV 中低压架空线路引下线的停电更换技能，那么该技能对于这两个班组的作业员来说就是重点，开发此岗位技能相关微课的必要性也就不言而喻了。

电网系统内的许多巡视、检修工作都需要认真细致地完成，实操经验也需要反复锻炼才能提升，但安全事故往往是在不经意间发生的，因此电力企业员工培训必须重视基础知识，反复强调和巩固也不为过。例如安规准则，相信每个电力员工在学校时期都已经学习并被要求牢记，但在工作中，面对不同实际状况，安规也有不同的要求，如图 2-1-1 所示。

这些工作业务中的基础性知识不仅能为本专业领域的员工提供绩效提升的保障，还能为其他一些对该知识点感兴趣的员工提供跨专业学习机会。例如，李工是变电专业的检修班长，工作能力突出，供电局希望他转为内训师，能够将其经验传授给更多员工，提升变电检修班员工的整体水平。但是，作为一名技能人员，李工缺乏讲课授课经验，亟需内训师能力提升的培训。而李工平时工作繁忙，根本没时间参加内训师培训班。这种情况下，关于"PPT 课件制作、专业表达"等微课（见图 2-1-2）就能让他利用下班后的空闲时间学习，提升培训方面的综合能力。

【安规】作业基本条件... 　5

【安规】作业基本条件... 　8

【安规】作业基本条件... 　13

【安规】作业基本条件... 　27

【安规】动火作业-一般... 　1

【安规】焊接及切割作... 　2

【安规】焊接及切割作... 　2

【安规】水域作业-潜水... 　2

图 2-1-1　广东电网公司开发的安规系列微课

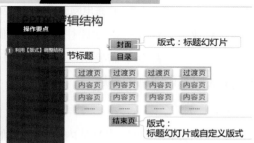

图 2-1-2　广东电网微课《PPT 三大利器》片段

在电力系统内，尤其是青年员工，在自身的职业发展规划中有一个探索过程，而微课能给他们提供更多自学的机会和提升自我的机会。例如调度中心的安全监督业务员，想要调岗到调度自动化检修班，那么他需要重新考取该岗位的资格证，因此调度自动化系统维护检修等技能操作方面的微课不仅对调度自动化运维班员工有价值，对希望调入该班组的其他岗位员工也很有价值。

（二）痛点

痛点指提供给学员一些应对棘手难题的解决方案和技巧，帮助学员解决问题。

例如，电网公司的科技项目管理中，项目负责人经常不按照要求实施项目，在审计等环节频繁出问题。针对这个痛点，总结近年来科技项目管理中常见的问题制作成漫画集，用于培训项目负责人，以避免再出现类似错误，如图 2-1-3 所示。

图 2-1-3　广东电网微课《科技项目管理——成本管理》漫画片段

针对业务"痛点"的微课往往是学员们最需要的，他们会主动去企业学习资源平台上查找学习，甚至不需要组织下达学习任务。因此在日常工作中，微课开发者们要善于发现同事们遇到的难题。

（三）热点

热点指提供给学员即时性内容，抓住他们最关注的热点问题。

电力企业的热点话题是企业或新技术的发展方向。电力企业需要积极响应国家的方针，将最新的政策落实到位。这时候微课"快开快用"的特点正好满足企业员工学习国家或行业趋势的需求。

例如党的十九大精神，可以快速做成微课供员工或干部学习（见图 2-1-4）。

图 2-1-4　广东电网公司开展十九大学习专题微课

又如，公司举办微课大赛，小王因为平时想法多、有创意，被供电局推举去参赛，但是他对于微课制作并不熟悉，局里也没有高手能够指导他，该怎么办呢？

此时，公司培评中心聘请微课开发顾问制作了关于微课开发的系列微课（见图 2-1-5）：《微课类型这么多，我想去看看》《如何用 4S 法则提炼微课》《图文微课炼成记》……这正好能够弥补小王和其他参赛选手的不足，于是纷纷主动学习并试着将技巧运用到自己的微课作品中。

图 2-1-5　广东电网公司微课大赛期间推出"微课小讲堂"系列动画微课

三、立足体系看需求

当挖掘到一个微课开发需求后，意味着已经确定了微课的主题。那么这个微课主题是否真的有学习的必要呢？这需要进一步印证，避免开发"食之无味，弃之可惜"的微课。

因此，除了挖掘业务岗位的需求外，还要立足体系，看组织内的培训课程体系有没有该类课程的开发需求。例如，想要开发"变电站自动化系统的数据修改作业"的微课，那么需要看组织的学习地图中变电－继保自动化专业中有没有关于"数据修改作业"的技能类课程。如果已经存在相同选题、相同形式的微课，就没有重复开发的必要了，这门微课可以直接从系统中拿来学习。如果组织内还没有相关课程，或者原来的此类课程是其他面授视频、书本教材等形式，我们就可以继续开发，并且借鉴这些已有内容，降低开发难度。

微课开发与企业学习地图对应，不仅能避免重复开发的情况，还便于发现组织学习资源的缺漏，逐步完善企业的学习资源体系。

知识拓展：团队开展需求调研的常见方法

一般来说，员工个人开发微课的时间、精力有限，不建议一个人为了一门微课开展一项庞大的需求调研。但如果是团队或班组有条件组织开发微课，需求调研可采用表 2-1-1 所述的 6 种方法：问卷调查法、访谈法、专家法、绩效差距分析法、观察法和资料法。

表 2-1-1　团队开展需求调研的常见方法

方法	优点	缺点
问卷调查法	1. 成本较低； 2. 可在短时间内收集大量反馈； 3. 不记名调查，可让调查对象畅所欲言； 4. 所得信息较规范，容易汇总	1. 受限于问卷的设计与内容，无法进行双向沟通； 2. 难以收集到解决问题的方法或建议； 3. 需要大量时间和技术进行统计分析
访谈法	1. 容易发现需求的内容、原因和解决方法； 2. 为调查对象提供更多的表达机会	1. 耗时长； 2. 访谈记录资料整理难度大； 3. 需要访问者有较高的访谈技巧，能引导出较可靠的访谈信息
专家法	1. 交流方便，操作省时省力； 2. 有利于敞开思路，独立思考，各抒己见	1. 专家意见未必反映客观事实； 2. 专家责任分散，较难组织
绩效差距分析法	1. 获得的培训需求非常准确； 2. 按照工作绩效差距确定需求，更具针对性	1. 需求调研人员需要具备较强的观察和分析能力； 2. 需要企业有比较系统、完善的工作绩效指标
观察法	可以得到有关工作环境的信息与关键性任务的完成情况	1. 调研员需要丰富的观察识别技巧； 2. 只能在特定工作环境中进行观察
资料法	1. 耗时少； 2. 成本低，信息便于收集； 3. 信息质量高	1. 不能显示问题的原因和解决方法； 2. 资料存在过时情况

第二节　目标点锚定

目标如同向导，能帮助开发者清晰地认识到这门微课需要讲解的主要内容是什么、目标学员是谁，通过学习，目标学员将获取什么知识或技能。

微课开发者确定开发目标，需要明晰目标制定的原则、学习目标的作用、学习目标的内容。

一、目标制定的原则

国际上常用 SMART 原则来规定一个课程的目标，同理，微课的目标也同样适用该原则。

SMART 原则的具体要求如下：

- S-（Specific）：明确性，指的是用具体的语言清楚地说明要达成的目标行为。
- M-（Measurable）：可衡量性，指的是目标应该有明确的数据作为衡量依据，即标准是可衡量的。
- A-（Attainable）：可实现性，指的是在付出努力的情况下可以实现，避免设立过高或过低的目标。目标是能够被别人接受的，并且是可实现的。
- R-（Relevant）：相关性，指的是目标与工作的其他目标是相关联的。在现实条件下是可行、可操作的，目标切合实际。
- T-（Time-bound）：时限性，指的是目标具有时间限制，无时间限制的目标无法考量。

二、学习目标的作用

依据 SMART 原则编写学习目标，可以达到更规范、科学地指导开发的效果，同时，此开发目标对于微课学习者来说，也是其学习目标。在微课开始前出现，告诉学员该微课的内容及学习任务，让其有针对性地学习。

学习目标

即**教学目标**，指教学活动实施的方向和预期达成的结果。微课中的学习目标可以作为一种课程导航形式，告诉学员这门微课的主要内容，在学习中将获得什么知识/技能。

看过很多微课后，你可能会发现每个微课的学习目标编写都有所不同，有的列出微课的主要知识点，有的则从知识、技能上来分类阐明知识点。在电网企业内，我们的学习不仅是掌握知识，还需要将认知落实到行为上，因此微课学习目标不仅要体现明确性，还要体现可衡量性，即应该有明确的数据作为达到目标的依据，如图 2-1-6 所示。

图 2-1-6　微课作品中的学习目标说明示例

三、学习目标的内容

为使微课开发更规范，我们将学习目标定为 ABCD 这 4 个要素（见图 2-1-7）。

图 2-1-7　学习目标制定要素

A——对象（Audience）：指根据需求确定的目标学员，即微课的受众。

B——行为（Behaviour）：指目标学员通过该微课学习什么知识或掌握什么技能，即这门微课教目标学员做什么。

C——条件（Condition）：指上述行为发生的边界条件，说明行为主体在什么情况下或什么范围内进行期望行为的操作，即学员在什么情况下掌握该知识或技能。

D——标准（Degree）：即上述行为要达到的标准，用以衡量学员是否具备了预期水准。

由这 4 个要素组成了 ABCD 学习目标编写法，具体编写示例请看实战篇内容。

第三节　知识点聚焦

从微课定义我们清楚地认识到，想要微课精准聚焦，其内容必须短小，一课只解决一个问题或技能点。该点即微课选题，一个知识点下又涵盖多个小知识点。要做到知识点聚焦，需要判断知识点颗粒度，明确一门微课的知识点数量和预估时长。如果内容量超出微课的规格，则还需了解切分知识的原则与方法。

一、知识点颗粒度判断原则

微课选题聚焦就是要"小"。此处说的"小"是相对其他类型课程而言的，即微课涵盖的知识点不能过多，选题颗粒度要小。

什么是颗粒度呢？颗粒度指的是研究一个问题的范围大小，颗粒度大的，则知识点研究范围较大。

以电网企业典型课程《配电线路及设备巡视》为例，普通面授课程或电子课件的选题颗粒度就会很大，可能将其作为一个课程题目，通篇讲解相关知识点，课程框架如图 2-1-8 所示。

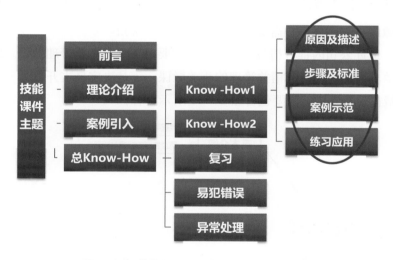

图 2-1-8　传统技能类课件的内容大纲示例

但是从微课的主题规划来看，该课件包含的知识点太多，颗粒度太大。因此，像《配电线路及设备巡视》这样的大主题，可以将知识要点切分后落实到具体实操上来。根据分层分级培训要求，可将配电线路及设备巡视知识根据巡视类型分为《10kV 配电架空线路定期巡视》《10kV 配电架空线路特殊巡视》等微课，通过一课一点的讲解，让知识和经验传授得更深入透彻，如图 2-1-9 和图 2-1-10 所示。

图 2-1-9　技能实操视频微课《10kV 配电架空线路定期巡视》片段

图 2-1-10　技能实操视频微课《10kV 配电架空线路特殊巡视》片段

二、知识点切分方法

要使微课颗粒度均匀，需要根据其知识点来判断和切分。

例如，最近公司内推行精益管理理念，需要员工学习精益管理知识。班组长周工发现公司学习系统内还没有精益管理的相关微课，于是决定自主开发。一般来说，要完整讲述精益管理知识，需要包含图 2-1-11 所示内容：

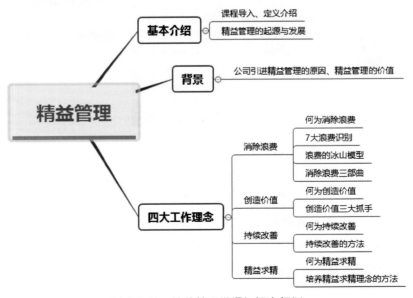

图 2-1-11　精益管理微课知识点规划

可以看到，在上述框架内，主体内容有三部分，而核心的内容是"精益管理四大工作理念"，其中，每个理念又包含定义、作用、原理、方法等内容。因此，仅凭一门微课就讲完"精益管理"是不可能的，那要如何切分成为相互独立而又各自完整的系列微课呢？假设从

注意：无论怎么切分微课知识点，都要保证每门微课是独立完整的，一个完整知识点需要包含是什么、为什么和怎么办。

"精益管理"这个大的知识点本身的内在逻辑出发，可以将其分为"精益管理的基础知识""公司为什么要推行精益管理""精益管理四大工作理念是什么"这三个主题，然后逐个分析每个主题需要介绍的内容，此时你会发现"四大工作理念"这个主题需要进一步判断是否再切分。如果微课的教学目标只是让员工简单了解精益管理，或者作为精益管理面授培训的一个兴趣导入，那么"四大工作理念"可合并在一起做成一个独立的微课，讲解时仅将四大工作理念简单介绍即可。但如果希望更深入讲解每个理念对应的方法措施，则可将四大工作理念切分成为四个独立微课。

当我们切分微课的时候，需要考虑具体如何切分。这里我们介绍细分题目的三个要素：受众、任务/场景、问题。

（1）受众：即微课的目标学员。按照从粗略到细致来分级定义目标人群。例如针对变电专业的微课，可以按照供电所/局的组织框架，细分到某专业、某班组、某级别的员工。

你可能会觉得，开发一门大家都能看的微课不是很好吗？在此，我们要明确目标与结果的区别。微课开发的目标是有针对性的，尤其是企业微课，精准的目标人群对应特定的任务场景，有利于在有限的时间内讲清楚一个知识点，能让目标人群记住这个知识点。而为什么生活中很多微课是"老少咸宜"的，大家都能看呢？那是因为有的微课设计得浅显易懂，除了目标人群以外，其他的人也能看得懂、学得会。"大家都能看"是微课聚焦明确后所获得的良好学习结果。例如医院中针对孕妇的宣传教育微课，爸爸和爷爷奶奶们也能学习。但电力企业的微课专业性强、分工明确、涉及知识相对复杂，针对特定人群开发微课是最好的聚焦方法，如图2-1-12所示。

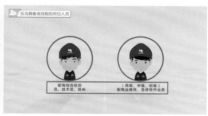

图2-1-12　微课作品中的学习对象说明示例

（2）任务／场景：指的是微课知识点所对应的岗位任务或情境。按照从粗到细可分为任务类别、子任务、子情境。

例如配电线路及设备巡视，如图 2-1-13 所示，按照巡视情况可分为日常巡视、夜间巡视、特殊巡视等类别。然后根据作业要求，日常巡视可以切分为不同的巡视子任务，如 0.4kV 线路巡视、电缆巡视等。最后去切分这个巡视子任务的子情境。例如"0.4kV 线路巡视"子任务，可分为作业前准备、作业风险、作业过程、作业总结。

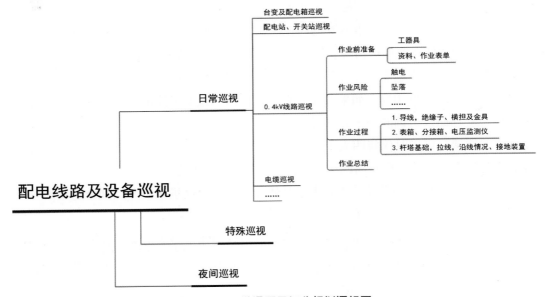

图 2-1-13　微课题目切分规划逻辑图

（3）问题：指的是微课需要解决的问题。这决定微课知识点切什么、留什么。

例如，某个微课想要解决的是如何增强员工安全意识的问题，那么在作业讲解过程中，微课导入和作业风险说明部分都需要重点讲解，切分知识点的时候不可将此内容删减。如果微课想要解决的是员工的作业难点，例如新员工在制作电缆头时接线总是做不好，那么微课切分的知识点一定以此为核心。

从受众、任务／场景、问题这三个要素中切分微课知识点后，微课的题目就能基本确定了。

第二章 "微"连线——把握逻辑，编撰内容

完成"微"定点部分的工作后，微课的题目就也明确了，根据"点线面"方法论，下一步的工作就是"微"连线，即根据已经确定的微课主题，从逻辑线、内容线、情节线三个方面开发设计微课内容。

逻辑线方面侧重讲述微课逻辑的构建。本章将从阐述搭建大纲的作用开始，展现大纲搭建的重要性，然后介绍微课的结构组成以及大纲搭建的方法。

内容线方面侧重讲述微课内容的组织，包含内容筛选的原则、素材来源选取以及内容验证的标准和流程。

脚本线方面侧重讲授微课脚本的撰写。从介绍微课脚本的作用开始，体现微课脚本的重要性，随后介绍脚本写作的一些原则和创意构思，最后给出脚本撰写的格式要求及示例。

第一节　逻辑线构建

一、搭大纲、明逻辑的作用

微课的逻辑主线就是微课的大纲框架。大纲呈现微课脚本的主要思路，用来指导接下来的微课内容搜集和具体的脚本撰写。好的大纲布局能将微课内容具体化展开，帮助开发者理顺讲解逻辑。此外，大纲布局是零散的知识点与具体微课脚本之间的桥梁，它将未构建框架的分散的知识点编织成一个整体的微课，也降低了后期脚本编写的难度。

那么一门逻辑清晰、结构明确的微课有什么特点呢？

（一）反映主题，承上启下

大纲布局是微课的骨架，既要围绕主题展开，又不能发散太远，偏离主旨。而且大纲布局要做到承上启下，每一模块内容之间都是有关联的存在，这样才能避免在写脚本的时候转折突兀。

例如微课《安健环建设之办公场所 7S 管理》，一般会介绍 7S 管理是什么，如何应用于办公场所管理，会取得什么效果。介绍"7S 管理是什么"时，可以介绍其背景、来源、定义等，由于 7S 法源于日本的 5S 管理办法，一些开发者很容易在这部分过多介绍背景，这样会偏离微课的主题。若认为"7S 管理的起源"有意义，想要分享，不妨单独设计一个该主题的微课。

（二）展示知识，设定情节

大纲应合理安排知识点和故事情节的布局。在展示课程主要知识点的同时，呈现人物设定、故事内核或案例情节。图文微课一般采用直接呈现知识点的形式，案例仅为知识点对应的现成案例，不涉及情节设计。而一些动画、视频和 H5 都能设定其虚构的环境和情节。一些微课的环境背景是贯穿全局的，一些则像玩游戏闯关一样，每讲解一个知识点，案例情节都不相同。因此安排什么情节、引出什么知识点很重要。

（三）层次分明，一目了然

无论微课包裹在何种形式、语境或背景故事中，其基本结构都是导入－开篇－主体内容－收尾。而主体内容可能有固定结构，例如《×× 二次设备检修维护》或《报废物资管理指南》等技术技能类微课都是有固定的流程步骤的，不能为了故事精彩而将流程步骤打乱。而政策宣贯、知识原理型微课形式就比较灵活，可以结论先行，也可以问题先行。无论何种结构布局，都要层次分明，切忌矛盾反复。

（四）简明扼要，所指明确

大纲布局是搭框架，不需要像脚本般详细描述，语言简明扼要、所指明确即可。编写大纲的时候无需运用过多修辞渲染，也不必进行活泼生动的描述，但是如果微课涉及故事情节，需要将故事的始末描述清楚。

例如廉洁教育微课《违规窃电》中，想要设计一个违规窃电的案例故事，需要描述故事涉及的人物、时间、地点、起因、经过、结局。故事可用一句话这样描述：由于供电局老员工潘岳家中电费支出太高，儿子潘晓阳心生一计，短接分流家中的电能表以窃电，父亲潘岳却视而不见；结果东窗事发，调查小组的严清、蒋廉最后调查了潘岳。

二、微课结构的组成

微课的结构一般分为开头导入、主体内容和结语三部分，见表 2-2-1。

表 2-2-1 "微课"结构

微课结构	目的
开头导入	激发学习兴趣，引出主题
主体内容	呈现核心知识等关键要素
结语	回顾微课内容，强化理解和融会贯通

（1）开头导入：由于微课时长短，一般开头导入分为两种情况，如果是直接讲述型微课，开头导入一般采用开门见山法或小案例导入法；如果是故事情景类微课，开头可能采用设疑导入法，引导受众跟着故事中人物去学习；或者采用讨论导入法，通过提出话题，在讨论中引出主题。

（2）主体内容：微课的核心内容包括知识点呈现和辅助案例说明两个要素。为了解释清楚微课知识点，我们需要举例来说明。但对于实操类微课，许多举例都是实操演示。

（3）结语：虽然微课学习时间不长，但是不能忽略课程回顾和总结。因为许多微课的形式比较新颖，学员可能一开始就被里面的故事情节或互动内容所吸引，而容易忘记微课的核心知识点，简单的课程总结能方便学员快速了解该微课的关键要点，加深学习印象。此外，不要忘记加结语。微课的结语一般为直接概括中心内容，但是H5微课可以设计测试题来检测学习效果。

三、微课大纲搭建方法

常见的微课大纲有四类，见表 2-2-2。

表 2-2-2　微课大纲类型

大纲类型	结构描述
层级分析法	根据知识点的逻辑递进关系组织微课结构
流程分解法	根据技能实操、工作流程来组织微课结构顺序
分类说明法	根据知识点的类型关系为线索组织微课
场景演示法	根据场景故事的呈现逻辑来组织微课结构

具体这几类微课结构在开发中如何应用呢？实战篇会一一讲解。

第二节　内容线组织

一、内容筛选原则

微课虽"微"，但并不意味着可以完全根据自己所掌握的资料和经验开始制作。微课的学习价值还体现在是否存在干货内容。那么，什么内容放在微课中才算是"干货"呢？答案就是让受众学了能记住，记了能做到的内容。

例如针对工作业务的重点开发微课，一般内容都是从作业规范和要求、作业表单等现成资料中来，但如果照搬这些内容而不加提炼，微课不仅会冗长，还让人觉得枯燥、没有亮点。因此如果能自己总结出一些朗朗上口的口诀或窍门，能够让学员更容易记忆，学习效果将大大提升。

另外，针对业务难点也应该有自己或其他专家的经验窍门，让新员工少走弯路，这些就是 "干货"。

二、内容素材来源

"干货内容"怎么获取呢？见表 2-2-3。

表 2-2-3　内容来源

内容来源	说明
组织知识	指组织内的相关政策、制度、规范、流程
个人经验	指个人发现在工作中的问题、差异或改善点；或者专家、优秀员工经验
外部实践	指同行、同专业领域内已有的理论和工作方法

组织知识对微课开发者来说是现成可参考的资料，但搜集起来有一定难度。原因有两点：首先是组织规章制度存在变动，信息在新旧更迭过程中容易混淆。尤其是电网公司，很多管理制度由网公司制定指导意见后，下属单位会根据具体情况制定对应的制度流程，与网公司、省公司有细节上的不同。更迭过程中如没有及时更新，不明就里的员工会弄不清楚新旧制度的差别，就可能使用过时的信息制作微课。另外一个原因是缺少实战。制度流程内容让人看起来像纸上谈兵，通常比较空洞，很多制度条文存在重复，收集时需要筛选整理。

个人经验可以弥补组织知识的缺陷，因此我们提倡微课开发者开发自己熟悉领域的微课。

三、内容验证标准

根据微课大纲，将相应的内容搜集、筛选完成后，为了避免信息不对应或内容有遗漏，需要对萃取出来的微课内容进行审核验证。

微课内容筛选验证的标准包括：

（1）准确性。作为一种有指导作用的教学资源，首要条件是保证内容准确无误，不存在误导学员的情况。

（2）必要性。这些内容应是必不可少的，不存在多余内容。如果删除某项内容不影响整个微课，且受众依然能学习到知识和技能，那么删除这项内容也无妨。如果删除这项内容后导致知识点不连贯、不完整，则保留该项内容。

（3）完整性。知识讲解全面、无遗漏。目标受众在学习完这些内容后能完整完成相关的操作任务，能达到预期学习目标。

（4）针对性。微课内容明确聚焦，对某一人群或岗位有明显的学习价值，并非泛泛而谈。

（5）可复制性。微课中提到的方法技巧应能复制，知识点明确易懂。

（6）可挖掘性。对于该知识点的挖掘应有足够深度，这种讲解程度能够达到学习目标。

四、内容验证流程

详细的验证流程可以按照图 2-2-1 顺序展开。

微课内容整合验证是一个阶段性过程，若条件有限可邀请第三方参与审核验证，避免开发者的主观意识过于强烈而忽视部分内容。

在验证过程中，对于不同类型的微课，其内容侧重点不同，应根据内容来评估该微课的针对性和必要性。例如讲解概念原理的，评估案例是否足够；讲解工作流程的，评估步骤说明是否足够细致。在实操篇将介绍具体流程。

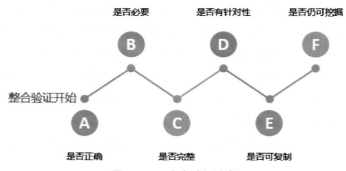

图 2-2-1　内容验证流程

第三节　脚本线撰写

前面讲到的内容是微课的基本内容。我们通过参阅其他微课会发现，优质的微课并不是单纯呈现知识点，而是有跌宕起伏的故事情节，用创新的形式或卡通形象来讲述枯燥知识。因此需要创作故事情节，将故事写成剧本，也就是微课的脚本。

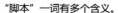

"脚本"是什么？

"脚本"一词有多个含义。

在计算机术语中，脚本（Script）是一条条文字命令，计算机脚本程序是确定的一系列控制计算机进行运算操作的组合，在其中可以实现一定的逻辑分支等。

在编辑术语中，脚本是指表演戏剧、拍摄电影等所依据的底本或者书稿的底本。

那么，本书所说的"脚本"，是指制作图文、H5、动画、视频等微课所依据的底本。通过脚本明确微课每页呈现的画面形式，呈现素材、讲解内容、故事情节、参与角色等细节，为图文排版、H5制作、动画设计、视频拍摄剪辑提供详细的依据。

一、微课脚本的作用

在微课开发过程中，有人可能提出质疑：需不需要写微课脚本？

对于新手来说，微课脚本有助于记录创意想法，明确制作方向，使后续的设计制作更加井然有序。此外，脚本的撰写也是微课讲稿的还原，帮助微课开发者理清思路，验证内容和框架是否合理。俗话说，好记性不如烂笔头，有时候很多萃取所得的经验和灵机一动的想法很容易遗忘，脚本能让我们有备无患。

二、脚本写作的原则

编写微课讲解脚本应该遵循哪些原则呢？

（一）体现主题，承接大纲

在内容上，微课脚本应和微课主题、大纲一脉相承，准确把握主题方向，沿着大纲方向合理展开。在编写脚本的过程中，可能突然产生新的创意想法，那么在修改脚本的时候应该重新规划大纲布局，从总体框架上看微课逻辑结构是否依然是合理的，在确保框架没问题的情况下再修改脚本。

（二）内容具体，传达准确

内容应详细具体，将知识要点，人物、动作、语言、神态、个性特征以及故事情节等各方面阐述清楚。大纲布局部分体现微课开发的思路，脚本就是微课的文本形式。无论是何种形式的微课，都要将每一步骤的呈现内容和形式写入脚本。

（三）思路清晰，重点突出

好的脚本应结构完整，思路清晰，根据大纲思路将每个环节都串联起来，同时知识点要重点突出，人物不喧宾夺主，能将微课设计意图准确传达。一般来说，图文微课和技术技能类视频微课中，内容讲解约占 80%，故事过渡语约占 20%，而 H5 微课和动画微课的知识点讲解可以根据实际情况而定。如果微课的主要内容较多，不宜插入太多无关紧要的情节。

（四）描述生动，画面感强

微课脚本的正文内容直接呈现的就是微课受众所看到的内容，虽然不同类别的微课脚本语言风格不尽相同，但总体而言，语言表述相较大纲需要更活泼细腻，叙述更详尽，描述更生动。图文微课语言简洁凝练、逻辑清晰，H5、动画、视频微课的情节描述需要有镜头感、画面感，人物对话要贴近生活。

三、脚本的创意构思

微课脚本通过文字形式直接体现微课成品的呈现效果，因此在编写脚本的时候也要先将创意故事的构思编写进去。

很多开发者在编写微课的知识内容时逻辑架构十分清晰，因为是根据内容本身的逻辑来编写的。但是一旦想要在内容里面加故事情景，就会出现微课体系松散、重点不突出的问题。原因何在？

编写脚本的时候，往往存在内容与创意形式之间的平衡问题。这里一般会存在以下两个误区：

（一）喧宾夺主：故事情节、宣传意图过多

编写微课脚本时，容易出现故事情节或宣传意图过多的情况。微课脚本不同于小

说/影视脚本、广告/营销脚本。小说的目的是吸引读者阅读,脚本以构思故事情节为主;广告的目的是吸引顾客购买产品,脚本将重点放在产品功效或品牌价值上;而微课旨在吸引学员,帮助学员获取有用信息和知识,微课脚本是通过部分故事、情节或直接叙述传达信息和知识。

因此,故事只是手段,宣传可以涉及,但目的永远是传达知识,撰写脚本时切不可喧宾夺主。

(二)逻辑混乱:讲解跳跃,情节冲突,人设矛盾

脚本中,当融合知识点和人物、故事情节时,容易出现逻辑混乱的问题。例如,思维跳跃,没有选择层层深入、由点及面或者并列关系等合适的逻辑结构。

如果是开发系列微课,更容易出现知识点重复或课程层次混乱的情况。同时,也要注意理顺系列微课中的故事情节、场景、人物设定的逻辑,避免出现情节冲突、场景跳跃、人设矛盾等问题。

四、脚本撰写格式

由于微课的形式多样,每种形式的呈现方式各有不同。

图文微课制作较简单,仅为文字和图标、图片等排版组合,因此脚本的撰写也相对简单,在没有图片素材情况下,纯正文内容即可成为图文制作底本。

而H5微课则多了交互功能和录音、视频播放功能等,除了需要确定每页正文内容,还需考虑每页的配音、交互按钮设置、素材搭配。

动画微课和视频微课在制作呈现上相似,撰写脚本时需要确认每个画面或镜头的呈现、角色配音或旁白讲解内容、画面突出的重点(需要特写的镜头)等。尤其是视频微课,如果视频中涉及多人演绎,更需要细致地描述角色的人物设定、性格、情绪等,让表演者能准确地通过镜头表达微课主旨,与观众产生共鸣感。在专业的宣传片或电影拍摄中,导演还会根据脚本绘制分镜头,利用草图简单勾勒画面,表达镜头框架和核心思想。同样的,如果你担心用文字还不足以表达你想要呈现的创意,画草图也是很好的方式。草图技术的关键不在于美观精致,而是通过简单的描绘或标注要点,加强开发者脑海中的画面感,如同微课成品栩栩如生呈现眼前,能让语言表达更细致到位,更快速完成脚本撰写;也能在真正动手制作时明确每一步的制作意图,节省制作时间。

以下提供一个通用型微课脚本模板,供大家参考使用。

微课题目：			
微课形式：	开发者：		审核人：
学习目标：			
学习对象：			
脚本说明：（此处填写微课创意构思或故事梗概、拟定时长、制作注意事项等提示说明）			
页码／镜号	录音角色	脚本正文	场景／画面描述	制作要求／突出内容

通用脚本模板使用说明：

（1）此脚本模板为通用型模板，适用于图文、H5、动画、视频为核心形式的微课制作。

（2）根据实际情况，图文微课中没有录音角色及场景／画面描述部分，可不填写此两项。

（3）学习目标处可参考"ABCD 学习目标编写法"填写。

第三章 "微"成面——呈现设计，全面制作

　　微课开发的最后一步就是根据内容进行设计制作出微课成品。整体来说，"微"成面就是根据微课设计要点和规范，从视觉、听觉、交互面来设计制作。图文微课设计主要在于视觉呈现，动画、视频微课侧重视觉和听觉两方面的设计呈现，H5微课则兼顾视听设计和交互设计。

视觉面设计是微课呈现的基础要素，受众最直接的观感就来自于微课的视觉呈现。一般来说人们更容易被有序整齐、色彩明亮的事物吸引，因此在微课视觉设计上，可以根据学习内容的特点，进行区块划分、信息整合等排版设计和色彩设计，强化学员的视觉认知。

听觉面设计能让微课锦上添花，辅助画面，有利于增强学习记忆。给一门优秀的微课配上合适的音乐或旁白，达到"有声胜无声"的效果。

交互面设计是 H5 微课中的一个重要设计元素，交互使学员直接参与微课的思考互动，不仅可以在观看微课过程中"输入"微课信息，还能 "输出"自己的理解，通过操作、反馈、反思，真正"学懂"微课内容。

第一节　视觉面设计

一、排版原理

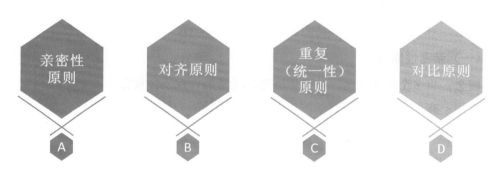

图 2-3-1 是某个微课的部分截图，选题正是你需要的，同时干货满满，你会愿意学习此微课吗？显然，这种信息层级不清晰的微课呈现对理解微课内容没有任何帮助，相信绝大多数人不愿意学习这样的微课。

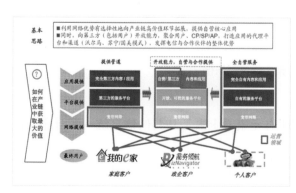

图 2-3-1　排版混乱的微课示例

人们观看微课的时长只有平时培训课的十分之一左右，在这么短的时间内让人有效地获取主要信息，不仅需要内容讲述，更需要通过画面演示传达，这也是各种形式微课流行的原因。

因此，微课开发者需要具备处理信息和组织信息的能力，分类有序地摆放各种内容，才能让学员快速地了解开发者的意图。那么，对于微课的排版，我们应该要了解哪些原则呢？下面通过图 2-3-2 简单介绍。

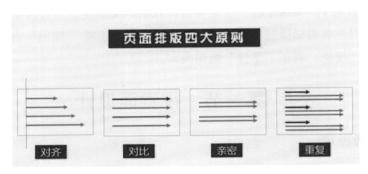

图 2-3-2　排版设计四大原则

（一）亲密性原则

概念：将多个相互之间存在紧密联系的元素组合成一个视觉单元。

作用：有助于实现组织性，减少混乱，提供清晰的结构，使学员更容易阅读和识记。示例如图 2-3-3 所示。

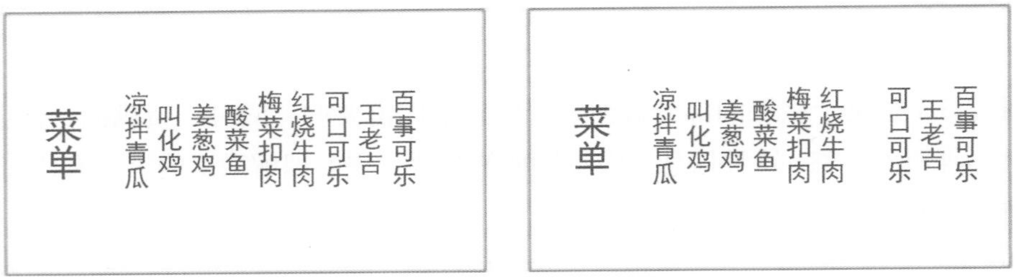

如果你要找一瓶可乐，那是不是要从头到尾看一次？很浪费时间对不对？　　经过亲密性原则调整后，你就可以很快地找到饮料区，从中找到可乐。

图 2-3-3　亲密性原则示例

（二）对齐原则

概念：通过适当放置，让页面上的所有元素看上去是与其他信息统一、有序且彼此相关的。

作用：使页面统一、有条理，能建立一种清晰、精巧、清爽的观感。

示例如图 2-3-4 所示。

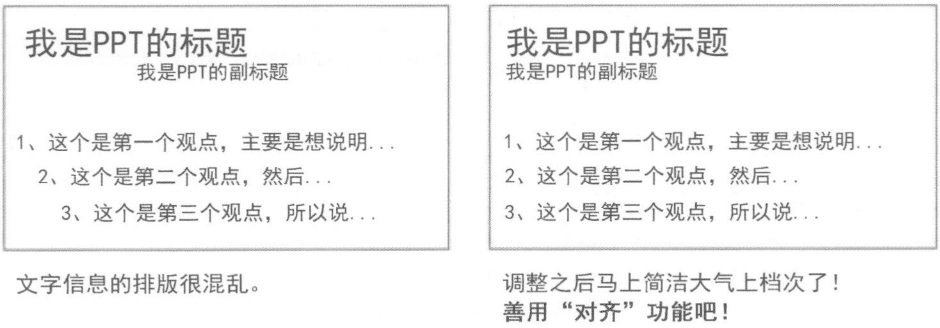

我是PPT的标题
我是PPT的副标题

1、这个是第一个观点，主要是想说明…
　2、这个是第二个观点，然后…
　　3、这个是第三个观点，所以说…

文字信息的排版很混乱。

我是PPT的标题
我是PPT的副标题

1、这个是第一个观点，主要是想说明…
2、这个是第二个观点，然后…
3、这个是第三个观点，所以说…

调整之后马上简洁大气上档次了！
善用"对齐"功能吧！

图 2-3-4　对齐原则示例

（三）重复（统一性）原则

概念：通过重复部分视觉元素将彼此独立的单元连在一起，实现统一性。例如在多页文档中将每一页的部分元素重复，就能让每一页独立的文档统一成一个整体。

作用：实现作品中的各个独立单元的统一，并增强视觉效果。

示例如图 2-3-5 所示。

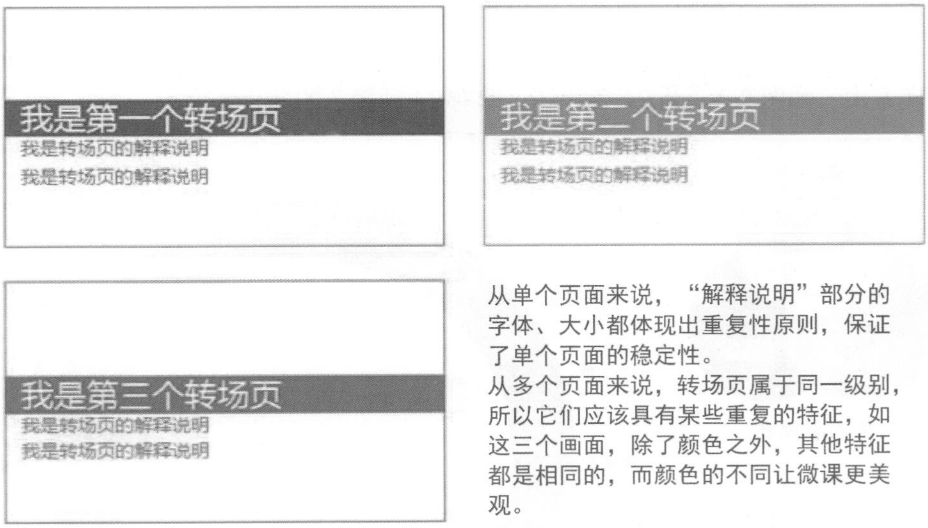

我是第一个转场页
我是转场页的解释说明
我是转场页的解释说明

我是第二个转场页
我是转场页的解释说明
我是转场页的解释说明

我是第三个转场页
我是转场页的解释说明
我是转场页的解释说明

从单个页面来说，"解释说明"部分的字体、大小都体现出重复性原则，保证了单个页面的稳定性。
从多个页面来说，转场页属于同一级别，所以它们应该具有某些重复的特征，如这三个画面，除了颜色之外，其他特征都是相同的，而颜色的不同让微课更美观。

图 2-3-5　重复（统一性）原则示例

（四）对比原则

概念：页面上的不同元素之间通过多种方式产生对比，如大字体和小字体的对比、细线和粗线的对比等。

作用：吸引学员眼球，用来组织信息、清晰层级，在页面上指引学员视线，并且制造焦点。

我是PPT的标题
我是PPT的副标题

1、这个是第一个观点，主要是想说明...

2、这个是第二个观点，然后...

3、这个是第三个观点，所以说...

我是PPT的标题
我是PPT的副标题

1、这个是第一个观点，主要是想说明...

2、这个是第二个观点，然后...

3、这个是第三个观点，所以说...

排版清晰简洁，但是略显平淡，内容缺乏层次感。　通过简单的调整实现了内容主次区分效果。

图 2-3-6　对比原则示例

在微课设计中，遵循这四个页面排版原则，可以引导学员首先看到你想要传达的信息，使其更快获取要点，符合微课学习"短、快"的特点。

二、配色原理

从微课整体上看，不同色彩的运用会给受众不同的感受。配色是微课制作中的一大难题，没有色彩理论基础，胡乱设计出来的画面会让微课受众观感不佳。

那么关于微课配色的原理，我们应该了解什么呢？

首先，了解一个配色"神器"——色环。

色环也称为"色相环"或"色轮"，是在三原色的基础上把色彩按一定顺序排列的呈现方式。如图 2-3-7 为 24 色相环，即有 24 种颜色的环。

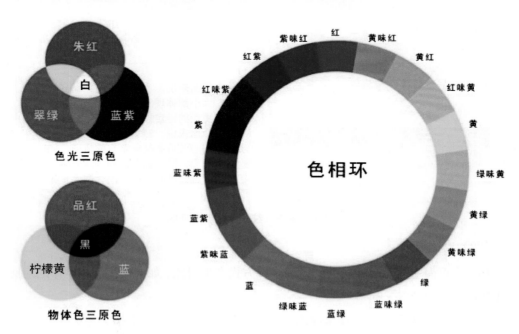

图 2-3-7　色相环示例

利用色相环我们可以进行不同色彩的搭配，展现不同的内容意图。在这里，我们主要了解微课画面呈现中常用的邻近色和对比色。

邻近色，指的是在 24 色相环中相距 90°，或者相隔五六个数位的两色，为邻近色关系，如图 2-3-8 所示。

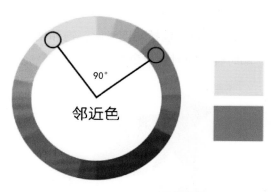

图 2-3-8　在 24 色相环中选取邻近色的示例

邻近色的色彩彼此近似，冷暖性质一致，色调统一和谐，且感情特性一致，例如红色与黄橙色、蓝色与黄绿色等。在微课设计中利用邻近色可以达到画面和谐、赏心悦目的视觉效果。

如图 2-3-9 所示，黄与橙是邻近色，而且两种颜色都是暖色，颜色搭配显得画面很温馨。

如图 2-3-10 所示，绿色与黄色是邻近色，搭配使文字与背景融合在一起，色调和冷暖都一致和谐。

图 2-3-9　邻近色搭配

图 2-3-10　邻近色搭配

图 2-3-11 是某网页的邻近色配色，该网页品牌主色是蓝绿色，因此网页的主要颜色就是品牌色，为了让网页观感更和谐，就选取了与蓝绿色为邻近色的黄绿色、绿色来搭配。

图 2-3-11　邻近色的网页配色

对比色，指的是在 24 色相环中呈 120°～180°的色彩组合，如图 2-3-12 所示。对比色是两种可以明显区分的色彩，包括明度对比、饱和度对比、冷暖对比、色彩对比等。在 24 色相环中，顺时针或逆时针取色都可以。

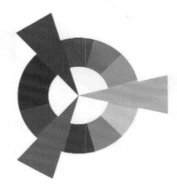

图 2-3-12　在 24 色相环中选取对比色示例

对比色是构成明显色彩效果的重要手段，也是赋予色彩表现力的重要方法。

如图 2-3-13 所示，某网站的网页配色方案中，红色体现内容的丰富多彩，贯穿整个站点的可操作提示，又能体现品牌形象。蓝色代表登录按钮、默认用户头像和标题，展示用户所产生的内容信息。利用红蓝色区分了不同的信息模块，分界对比更明显。

图 2-3-13　对比色的网页配色

有时候微课开发者会设计一些对比展现甚至评比情节去展现微课内容，可分别将二者的颜色基调定为一组对比色，形成强烈的撞色效果，配合相等的色彩面积以刻画对比场景，如图 2-3-14 所示。

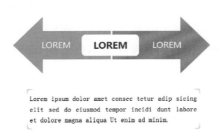

图 2-3-14　对比色在微课图示中的应用

排版配色的技巧在实战篇可以具体学习哦。

第二节　听觉面设计

一、微课配乐原则

心理共鸣理论认为，音乐能对人的行为产生影响，改变人对客观事物的态度和评价，从而协调人与环境的关系，提升人的注意力和记忆力，启发人的想象力和创造力。

给微课配上背景音乐，并结合微课内容，对音色、音调、节奏、音效进行添加和调整，能使画面衔接更流畅，知识讲解的节奏感更佳，同时增加微课的趣味性，更好地抓住学员的注意力。

配乐在微课中的功能可总结为三个：

（一）营造情景氛围

在 H5、动画、视频微课中，可能应用到故事剧情，不同的角色对话配合不同的音效，能够真实地还原这个虚构的故事情景，给人以真切的感受。其实观众已经具备将某类特定的音乐或音乐风格与特定的背景和人物相联系的能力了，例如太过紧张、悬疑的音乐用在一般的微课中就会使人感到突兀。

（二）引起情绪共鸣

如果你看过一些情景喜剧，就会发现很多喜剧配有观众笑声，实际上在电视拍摄过程中并没有观众在旁边观看并大笑，那么为什么需要这些后期加入的"罐头笑声"呢？其实这是利用了社会心理学中的从众心理。我们进行是非判断的标准之一就是看别人怎么想。当"罐头笑声"出现时，观众会不自觉地判断：大家都在笑，我也应该笑。"罐头笑声"起到了怂恿的作用，观众听到笑声就会放大自己对笑点的感受，从而感同身受地大笑起来。

因此，微课中存在诙谐幽默的片段想要吸引学员的注意时，不妨添加一些发笑的声音或搞笑的音效。

（三）丰富体验感官

配乐作为微课的陪衬，作用是避免配音旁白过于单调。有时候单听一个人讲话很枯燥，但是如果加上背景音，配合音乐节奏会让整体观看体验更连续。但配乐只能浅浅地存在，音量不能过高，避免喧宾夺主。

二、微课配音原则

旁白是微课听觉设计中必不可少的素材，起到传达主要信息、将视觉信息转化为听觉信息的重要作用。

好的旁白，需要配合好的解说脚本，以及洪亮圆润的声音、口齿清晰的表述、抑扬顿挫的语调、富有情感的表现力。合适的声线也是旁白的考虑因素之一，稚嫩的童声、甜美的女声和浑厚的男声能带来不同的听觉体验。一般来说，微课旁白的语速应较快，且节奏感鲜明。

自己录制微课配音的时候，应该注意哪些要点呢？

（一）录制环境安静，无杂音

如果希望将微课制作得精良，并且有充足的资源与条件，建议找专业的录音棚。如果不具备上述条件，可以就近在家或办公室选择放有较多家具又狭小的房间。狭小的房间回音小，录出的声音比较干净。最重要的是，录制的时候周围要安静，避免录入杂音影响效果。

（二）录音前要调整好自己的气息和心理状态

在正式录音之前可以多练习一下发声，声音要尽量大一些，声带保持放松状态，调节自己的声音和状态，同时要做好心理建设，想象你是在和你的听众互动沟通。

（三）注重重音变化，掌握适中的语速

优美的声音讲究抑扬顿挫和韵律感，在录音过程中要注意重音变化，包括重读、轻读和停顿等各种方式。同时要保持适中的语速，一方面让听众听懂你的意思，另一方面让人觉得你的语速不拖沓。

（四）使用标准的普通话

录音时要充满自信，吐字清晰，发音准确，尽量使用普通话，有助于增强课程的专业性，根据你的目标受众以及所讲述的内容、题材，为了增强某些特效或幽默感，也可以适当地加入一些方言。

实际开发中，为了节约制作成本，微课配音并不一定要找专业配音员录制。我们可以亲自上阵或用语音软件合成，相关的方法和技巧，感兴趣的读者可以在实战篇学习哦！

第三节　交互面设计

交互（inter-action），从字面上理解，就是 A 和 B 之间的一系列动作和行为。例如，早上你出门时碰到邻居，冲他喊一声"早"，他对你点头、微笑，也说"早"。这就是一个完整的互动过程。

微课中的交互设计是指，通过对微课界面和行为的交互设计，让微课和学员之间产生某种联系，例如学习者通过点击微课界面中的某个按钮而完成某个学习任务或弹出一个拓展知识等，从而实现互动。

图文微课、动画、视频微课由于缺乏交互设计的界面和行为功能，所以我们主要针对 H5 或 PPT 微课谈谈交互面设计原则。

有些开发者在使用 H5 时，盲目设计很多按钮，认为点击和滑屏能够吸引学员的注意力。这种做法是错误的。

这里涉及交互设计中最重要的一个原则：交互与时间的平衡。

设想一下，当你和邻居打招呼之后，他并没有回应你，或迟迟不回应，这段时间你会不会觉得尴尬呢？其实微课交互也一样，当你设计了点击按钮，如果学习者学习过程中点击了按钮却迟迟没有反应，或者需要不断点击按钮才能继续观看，都会让学习者在微课上逗留的时间变长，但这部分时间是无用时间。

因此进行交互设计时，如非必要，每页不要设计过多同类型触发动作，而且设置交互时间最好不要超过 0.5 秒。

从上述理论原则，我们了解到"点线面"微课开发的重要作用与意义。但是微课开发终究是一件需要动手实操的事情，需要开发者了解开发的原则，依据开发制作的基本要求，能完成微课选题、内容表达、形式呈现等工作，制作出精准聚焦、精美实用的微课。

第三篇　实战篇：一学就会，做微课

从"点线面"微课开发方法论出发，我们将微课开发流程分为三个环节：微定点→微连线→微成面。

在实际开发中，微定点是指明确开发的需求点、目标点、知识点；微连线是指根据微课开发目标和知识点搭建微课大纲，搜集、整合微课内容，撰写成脚本。微成面是指根据脚本和已选定的微课形式从视觉、听觉、交互方面进行设计与制作，最终呈现完整的微课作品。

第一章 "微"定点——选题如何定

某个微课开发新手选择了"精益管理"这一选题，做到一半就发现内容越讲越多，把"微课"做成了"大课"，无奈地中途放弃。这种"选题不当"现象在新手开发者中很常见。

"点线面"微课开发方法论中，"微"定点首要解决的就是微课选题。选题是否合适由三个要素决定：是否符合开发需求，是否符合学习目标，知识点是否聚焦。因此，选题将从这三个要素出发，达到精准聚焦的目的。

第一节 锁定需求点

企业微课开发出于两方面的考量：该微课有价值，该微课为新课。有价值的选题是指微课内容解决工作业务中的重点、痛点、热点问题；新微课不仅包括创建新内容的微课件，也包括将旧课优化、微课化。

一、挖掘需求

（一）挖掘"重点"——发现岗位能力要求

岗位胜任力模型所提出的知识、技能要求是员工顺利开展工作必须掌握的重点内容。此模型对员工的知识、技能、潜能等综合素质进行了明确要求，是员工自我能力开发和自主学习的指示器。

因此，发现岗位能力要求，挖掘工作业务中的重点学习内容用以开发微课，能充分体现该微课的学习价值。

例如，蓄能电厂检修中心电气班的岗位胜任能力模型，对高级作业员电气一次专业岗位的知识、技能要求如图 3-1-1 所示。

电气一次专业								
结构	模块	要素名称	结构	模块	要素名称	结构	模块	要素名称
知识	基础知识	安全知识	技能	基本技能	安全技能	潜能	通用	责任意识
		电工基础知识			工器具与仪表仪器使用			团队意识
		工器具与仪器仪表使用知识			识绘图技能			细节意识
		识绘图知识		相关技能	计算机基础应用			问题处理能力
		水力发电知识			技术文件编制			学习能力
	专业知识	GIS及出线设备检修知识		专业技能	GIS及出线设备检修		鉴别	正确执行能力
		GIS及出线设备维护知识			GIS及出线设备异常分析处理			分析判断能力
		SFC系统检修知识			SFC系统检修			事故防范能力
		SFC系统维护知识			SFC系统异常分析处理			
		厂用电系统检修知识			厂用电系统检修			
		厂用电系统维护知识			厂用电系统异常分析处理			
		发电机出口设备检修知识			发电机出口设备检修			
		发电机出口设备维护知识			发电机出口设备异常分析处理			
		发电机系统检修知识			发电机系统检修			
		发电机系统维护知识			发电机系统异常分析处理			
		主变系统检修知识			主变系统检修			
		主变系统维护知识			主变系统异常分析处理			

图 3-1-1 电气班高级作业员电气一次专业需具备的知识能力要素

针对以上知识、技能、潜能要求，微课开发者可以根据班组员工的岗位评价标准与岗位考核达标情况，发现学习需求，开发对应的微课。例如，视频微课《GIS 设备的养生之道——日常运维管理》就是根据电气班岗位胜任能力模型中专业知识要求的"GIS 及出线设备维护知识"和专业技能要求"GIS 及出线设备检修"的岗位要求所开发的，如图 3-1-2 所示。

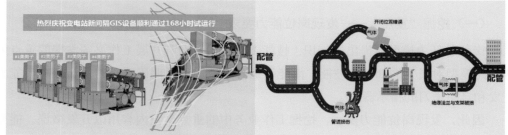

图 3-1-2　视频微课《GIS 设备的养生之道——日常运维管理》截图

（二）挖掘"痛点"——发现员工棘手难题

工作业务中，不会做、无法顺利完成、实施起来感到不方便、容易做错或易造成资源浪费的问题都可以称为工作"痛点"。

例如，一个配电检修班新员工在制作 10kV 电缆冷缩终端头时能够按照岗位能力要求将电缆头制作完成，并且达到制作标准，但是在绕包填充胶和密封胶这些细节上看起来不如技能专家做得美观细致，而且完成任务所需时间也相对较长。

又如，电网公司的科技项目管理中，项目负责人经常不按照要求实施项目，实施时间安排不合理，导致项目后期常需要赶进度。

以上问题都是某岗位人员的"痛点"，在考核评价中难以发现，却是他们在实际工作实施时切实存在的棘手问题，因此针对这些难题开发微课非常必要。

正因为"痛点"与员工日常工作息息相关，而企业培训部门难以发现此需求，所以才提倡基层员工自主开发微课，自己发现问题、解决问题，实现自我改善。

（三）挖掘"热点"——发现新趋势新倡导

"热点"指的是大部分人感兴趣的话题，例如社会的新动向、新趋势，公司的新制度、新活动或新技术的发展方向等。"热点"一般具有时效性，当一个新兴事物出现时，很容易成为大家热议的话题。针对这些新概念、新知识，如果有人能够提供及时的科普，抓住大家的学习热情，就可以形成良好的学习氛围。而微课"快开快用"的特点正可以满足这一学习需求。

例如，在党和国家重要会议中，领导人可能会对国家发展发表重要讲话，当中涉及的新名词、新表述反映着我国接下来的工作重点，也是每次会议期间举国讨论的热点话题。将这些内容做成微课，让员工贯彻落实，能促进工作提升、企业发展。

"热点"可以通过相关网站、电视节目、公司官网、宣传栏、与同事的聊天对话等渠道挖掘。

二、验证需求

微课开发的需求不仅体现在解决重点、痛点、热点的实用价值上，还体现在微课内容的首创性上。首创即新——内容新，课件形式新。因此开发新微课可以是针对新内容，也可以是优化旧课件，赋予其新内容或新的表现形式。

（一）新课创建

决定开发一门微课前，需要查证本公司内有没有人开发过同主题、同内容的课件或微课，避免重复开发，浪费资源。

目前很多企业搭建了网页、微信、手机应用等企业在线学习平台，通过关键词搜索可查找对应的多媒体课件资源。另外，一些企业也有专门的学习课件库或学习地图等可供员工搜索课件。

例如，南方电网广东电网公司的员工可以登录 MOOC 学堂或掌上学院搜索相关主题课件，如有相同主题、相同形式的微课，可直接用于学习，不必再开发新微课。如果平台中只有同主题的电子课件或慕课，也可以参考其内容进行提炼筛选，用作自己开发微课的内容素材，如图 3-1-3 所示。

图 3-1-3 南方电网广东电网公司 MOOC 学堂的课件页面

又如乐学南网手机应用软件，其在线课件资源库的内容都可以作为微课开发的筛选依据，在创建新课前应做课件排查，如图 3-1-4 所示。

图 3-1-4　乐学南网 APP 课程学习页面及应用下载二维码

（二）旧课优化

从企业课件资源库中发现同主题、同内容课件，并不意味着微课开发者不能再开发此内容的微课。因为有些课件存在内容陈旧、质量不佳的问题，当这些课件直接用于学习已经不符合新时代发展、新作业要求或企业管理要求时，就有必要针对这门课开发新微课。

为了节省开发者与企业的资源，首先可对旧课件进行评估，衡量其需要优化的内容。如果旧课件内容、质量都不及格，则考虑重新开发新微课；如果课件内容扎实、符合学习需求，但形式老旧，可将其改为微课；同理，如课件形式与时代要求不脱节，但教学内容已经更新，可在原课件的基础上更新内容。

开发一门微课前，需要确认两件事情：这门微课有学习的价值，这门微课此前没有制作过或你可以做得更好。如果你的答案都是确切的"是"，那么就开始吧！

锁定需求点——表单运用

微课开发表需求点			
需求点	判断	明细	说明
挖掘需求　①重点			岗位能力要素
挖掘需求　②痛点	✓		不会、不顺、不方便、易错、易造成资源浪费
挖掘需求　③热点			新变革、新提倡
验证需求　新课创建	✓	—	学习地图、课件清单里没有
验证需求　旧课优化			原有课件陈旧、质量不佳

如何判断微课值得开发：符合其中一点需求（重点、痛点、热点）并属于新课开发或旧课优化内容

第二节 锚定目标点

锁定需求点，我们明确的是该微课的开发需求，即该微课需要解决的问题是什么。而锚定目标点是指应该设立什么样的目标以满足学习需求。

此目标既是开发目标也是学习目标，一旦目标明确聚焦，可很大程度上避免选题不当的问题。因此锚定目标点对微课的选题和开发方向尤为重要，需要锚定两点：受众、任务。这两点明确后，微课的基本题目即可产生。依据目标与题目，采用 ABCD 学习目标编写法撰写微课学习目标即可。

一、锚定受众、学习任务

（一）锚定受众

与传统课程相比，电力企业微课的目标受众不一定涵盖全体员工，因为企业微课需要体现专业性和实效性，专业岗位不同，所要求学习的内容也不相同。除了通用类或文化宣贯类微课外，为了避免微课内容泛泛而谈，缩小目标受众范围、聚焦某一岗位的员工是正确的做法。此外，以此方法锚定受众，能让电力企业员工在学习前就明确该微课是自己所需的，方便其更有针对性地获取学习资源。

例如：关于"规范倒闸操作"的微课，属于变电运行业务的基础知识微课，对于大多数高级作业员或班长的用处不大，因此不应将其受众笼统定位为变电运行人员，而应该精确到"变电运行新员工、变电运行班初级作业员"，如图 3-1-5 所示。

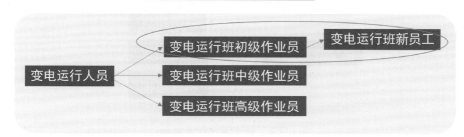

图 3-1-5 锚定微课目标受众示例

但是不一定每一门微课都可以细分岗位人群以达到有针对性地面向目标学员开发微课，因为许多微课内容是通用的。

例如，公司里很多员工想学习精益管理，尤其是六西格玛管理 DMAIC 工具。在锁定需求点时，李工发现公司内已经有相关的微课，但是关于 DMAIC 中测量阶段的数据统计和分析工具的详细讲解比较少。于是打算就这一需求开发微课。锚定目标点时认为，这个主题的微课人人都可以学，受众难以再细分。

因此，锚定受众时不一定非要细分目标学员，但开发者要有意识地思考"微课的目标学员还能否更聚焦"的问题。

（二）锚定学习任务

微课开发起于工作困惑，落脚于工作应用。锁定需求点时挖掘的种种问题都有对应的工作任务和场景。这一任务内容就是该门微课的主要内容，它可以是知识原理、技能操作、制度流程等任何内容，但该任务一定是细小的。

例如，于电气班高级作业员一次电气专业而言是"重点"的专业技能要求中就有对应的"GIS 及出线设备检修""GIS 及出线设备异常分析处理"工作任务，虽然看起来都是 GIS 及出线设备的检修处理问题，却包含着设备的存放管控、日常运维管理、常规检修、异常情况处理等任务细项。

因此针对挖掘的需求分析到底员工的难题出于哪一个工作任务细项，在这一步骤需要精准锚定。

例如配电运维班的新员工表示，自己对于 110kV 架空线路巡视的要求和作业流程不太熟悉，就应该进一步分析他的问题出在哪一个巡视的任务环节中。线路巡视有日常巡视、夜间巡视、特殊巡视等，如果他进一步发现自己的问题出在夜间巡视这一工作环节，那么微课的讲解内容就可以进一步缩小范围，使得开发目标更聚焦，如图 3-1-6 所示。

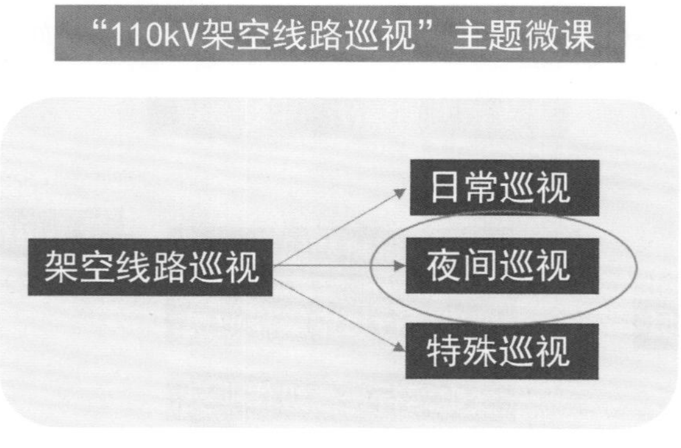

"110kV架空线路巡视"主题微课

架空线路巡视 → 日常巡视 / 夜间巡视 / 特殊巡视

图 3-1-6　锚定微课任务示例

结合开发需求锁定和受众、任务锚定，电力企业微课的选题能基本确定。例如，"GIS 设备的存放管控""110kV 架空线路夜间巡视"等都算是聚焦明确的技能类微课题目。

锚定任务不仅仅是针对技能类微课，通用管理类、文化宣贯类微课也可以细分任务场景。比如时间管理可以分为碎片时间利用、高效开会、高效处理邮件、平衡工作与生活时间等不同场景；又例如廉洁文化教育可分为公款吃喝、滥用职权、收受贿赂、虚报费用等不同的场景。

二、设定学习目标

在微课中，学习目标不仅能为开发者提供开发的方向导航，还能为学习者提供知识内容导航，说明该微课对提升学习者知识、技能水平的期望程度或标准。

如果一门微课能够在教学前告知学习者将要学习的内容，可让学习者带着目标去学习，效果更好。

在编写学习目标时，一般采用 ABCD 学习目标编写法，如图 3-1-7 所示。

图 3-1-7　ABCD 学习目标的具体内涵

A：确定对象，即确定该微课的目标学员。通过锚定受众，微课的学员会更有针对性。

B：确定行为，即确定该微课的学习内容。通过锚定任务，要求学习者掌握的任务内容会更聚焦。

C：确定条件，即行为发生的关键条件，说明学习者在什么情况或什么范围内实施该任务。例如，"30 秒内完成 10 个仰卧起坐"就规定了完成规定动作的具体时间。

D：确定标准，即行为合格的最低标准。例如，"按照作业指导书 100% 正确完成"就可以衡量行为是否达到预期水准。

那么如何编写呢？例如配电线路夜间巡视的微课，其学习目标编写示例如图 3-1-8 所示。

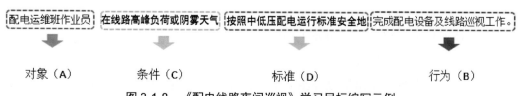

图 3-1-8　《配电线路夜间巡视》学习目标编写示例

采用 ABCD 学习目标编写法，并不意味着四个要素必须一应俱全。其中行为要素是必须说明的，其他三个要素可以根据具体情况确定取舍。

锚定目标点——表单运用

微课开发表单示例——锚定目标点		
操作	明细	说明
1. 锚定受众		细分岗位人群，明确该微课的目标学习者
2. 锚定学习任务		细分学习任务，明确该微课的主要内容
3. 初拟题目		明确课微课基本题目，暂不需包装润色
4. 设定学习目标		ABCD 目标编写法

第三节　聚焦知识点

微课题目已拟定了，是否还需要聚焦知识点呢？

聚焦知识点是从微课选题过渡到微课内容开发的重要环节。经过挖掘需求、锚定目标，相信许多微课开发者已经能明确微课的大致内容。但一个微课题目应该涵盖几个知识点，内容讲解能否控制在微课要求的时长范围之内，用什么形式呈现知识点更合适，是需要进一步思考的问题。

因此，这一环节，将明确知识点颗粒度和微课形式选择。

一、明确知识点颗粒度

（一）微课内容分类

从内容的角度出发，电力企业微课一般分为 5 类：技能实操类微课、专业技术类微课、通用管理类微课、党性修养类微课、文化理念宣贯类微课。

- 技能实操类微课以介绍技能作业知识原理、作业实操步骤、操作要点为主，旨在指导技能类岗位学员规范掌握相关操作技能。
- 专业技术类微课以介绍岗位工作管理办法、管理流程与细则要求为主，旨在指导专业技术类岗位学员了解工作要点与关键环节的实施要求。
- 通用管理类微课以介绍团队管理、沟通、职业综合素养为主，旨在向全体员工分享实用的管理工具或方法。
- 党性修养类微课以介绍党建知识、团建知识及廉洁制度文化为主，旨在贯彻党中央精神，使得公司上下在政治思想上团结一致。
- 文化理念宣贯类微课以介绍安全文化理念、班组文化、企业文化理念为主，旨在营造良好的企业文化氛围。

针对不同的内容，微课所要突出的知识点也会有所侧重，因此内容类型决定了微课知识点的分类。

（二）知识点分类及颗粒度判断

微课的知识类型包括原理解释、流程步骤、方法技巧和案例故事。一个微课可包含多种知识类型，应根据学习需求和目标进行搭配使用。

例如技能实操类微课，一般侧重流程步骤与方法技巧讲解，但如果内容定位为不规范案例演示，则侧重故事分享、解析原理。

专业技术类微课中，原理解释可以理解为术语定义或概念解析，例如企业管理办法或工作制度中涉及的部门职责范围讲解。

通用管理类微课中，一般以分享方法技巧为主。

党性修养类、文化理念宣贯类微课中，一般不涉及方法技巧，多通过案例故事讲解知识。

 判断微课知识点颗粒度是否符合"微"课要求

知识点虽然越少越聚焦，讲解也更深入，但是若切分过细，讲解的点太小，可能导致内容不完整或可学习的内容不足，缺乏实用性和启发性。因此我们可以从两个方面判断知识量是否合适：时长与完成度。

判断时长：通过知识点预估讲解时长，如果预计的正文核心内容讲解已经超过5分钟，那么需要进一步细分任务场景，或者判断知识点中有没有需要删减的部分。

判断完整度：删减某些知识后回顾微课全部内容，看看是否完成讲解。通过学习当前知识点，目标学员如果不能有效掌握相应的知识或技能，就不可将内容切分得过于细小或直接删减，可酌情保留内容，精简语言表述。

二、选择微课形式

微课知识与形式的良好匹配能帮助目标受众更好地理解内容。例如，案例故事用动画或视频形式更能传达跌宕起伏的剧情，简单的原理概念解析用图文形式更方便学员不断翻阅记忆，技能实操的流程步骤用视频实拍形式更能凸显作业细节和注意要点。

目前，企业中流行的微课呈现形式有图文、H5、动画和视频4种。

一般来说，确定微课形式的考量因素包括：

· 开发者的多媒体软件熟练程度及自学水平。

· 开发者的时间、精力。

· 内容与形式的匹配程度。

- 微课受众的喜好。

表 3-1-1 是四种微课形式的开发难度、内容匹配性的对比，供开发者参考：

表 3-1-1　四种微课形式对比

	图文	H5	动画	视频
工具使用难度	☆	☆☆	☆☆☆☆	☆☆
设计制作时间	☆	☆☆	☆☆☆☆☆	☆☆☆☆
更适合的知识类型	原理解析 方法技巧	原理解析 流程步骤 方法技巧 案例故事	原理解析 流程步骤 方法技巧 案例故事	流程步骤 案例故事
学习侧重点	阅读记忆	巩固测试	理解感悟	模仿参照
特色优势	查看简便 内容量多	交互性强 可分享度高	活泼生动 富有趣味	真实清晰 可信度高

聚焦知识点——表单运用

微课开发表单示例——聚焦知识点			
1. 微课类型	技能实操类□　　　专业技术类□　　　通用管理类□ 党性修养类□　　　文化理念宣贯类□		
2. 知识点	知识类型	明细	颗粒度判断
	原理解释		知识点 1 知识点 2 知识点 3 ……	时长是否不超过 5 分钟□ 是否完整□
	流程步骤			
	方法技巧　✓			
	案例故事　✓			
3. 微课形式	图文（含漫画）□　　　H5□　　　动画□　　　视频□		

第二章 "微"连线——内容如何讲

　　微课的核心是内容，其精彩之处首先在于流畅、清晰地表达准确、实用、优质的学习内容，不能因形式而忽视内容的科学性。

　　"点线面"微课开发方法论中，"微"连线以微课知识点为原材料，首先找准知识点的逻辑，搭建大纲，然后搜集内容素材用于丰富知识点，最后结合微课形式撰写脚本，优化语言讲解，为后续的设计制作提供明确的文本底稿。

第一节　梳理逻辑线

微课的大纲如同一个建筑的框架，逻辑严密才能撑起知识点。由于微课短小精悍，其知识点较少，因此逻辑结构简单之余更环环相扣，每个知识点的关联性比传统课件更强。

一般的微课结构大体分为开头、主体内容讲解、结语三部分（见表3-2-1）。受微课时长限制，开头导入及结语仅占全部内容的10%左右，其余为知识点的讲解。一般情况下，微课开篇展示知识点的概念或定义导入，说明主题是什么；结语是对知识点的总结回顾或案例启示。

表3-2-1　"微课"结构

微课结构	目的
开头	激发学习兴趣，引出主题
主体内容	呈现核心知识等关键要素
结语	回顾微课内容，强化理解和融会贯通

根据知识类型——知识原理、流程步骤、方法技巧、案例故事，可将电力企业微课的逻辑大纲归结为4类，即层级分析法、流程分解法、分类说明法、场景演示法。

一、层级分析法

层级分析法有两种类型，分别是解释说明类和问题推导类。

（一）解释说明

解释说明旨在阐明某个知识是什么、为什么、怎么办。

"是什么"阐明定义内涵、原理基础；"为什么"阐明其作用、意义；"怎么做"介绍其应用与实践方法。

例如，微课《协调推进"四个全面"战略布局》属于知识概念、理念宣贯的内容，其逻辑大纲搭建如图3-2-1和图3-2-2所示。

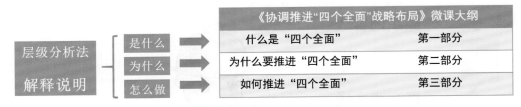

图3-2-1　《协调推进"四个全面"战略布局》大纲

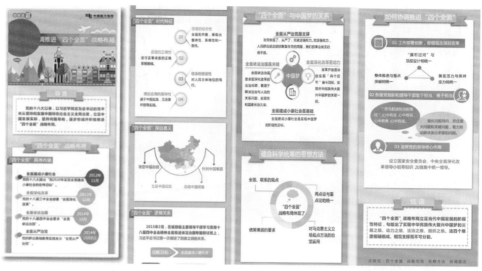

图 3-2-2　长图文微课《协调推进"四个全面"战略布局》

（二）问题推导

问题推导是指通过某个问题分析事件产生原因，提出防范或改善措施，多用于方法技巧、流程步骤的内容讲解。

例如，视频微课《广东电网本质型安全生产之专家访谈篇》，旨在预防、减少安全生产事故，通过对事故问题的描述，推导事故原因，提出解决问题的方法，如图 3-2-3 和图 3-2-4 所示。

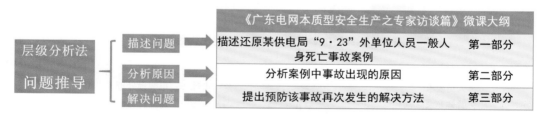

图 3-2-3　《广东电网本质型安全生产之专家访谈篇》微课大纲

图 3-2-4　《广东电网本质型安全生产之专家访谈篇》微课片段（一）

图 3-2-4　《广东电网本质型安全生产之专家访谈篇》微课片段（二）

二、流程分解法

流程分解法旨在通过明确的工作流程、操作步骤讲解知识点，适用于实操类微课或其他微课中主讲方法步骤的内容。

例如，技能实操类微课《10kV 电缆冷缩终端头制作》中，按照作业指导书中的电缆头制作过程分步骤讲解微课内容，如图 3-2-5 和图 3-2-6 所示。

图 3-2-5　《10kV 电缆冷缩终端头制作》微课大纲

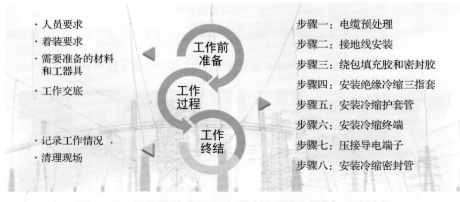

图 3-2-6　视频微课《10kV 电缆冷缩终端头制作》内容片段

三、分类说明法

分类说明法指的是将微课的内容分为不同的类型或情况进行讲解，适用于一个知识点或一个问题的解决方式有多种情况或类别的微课内容。

例如，微课《试一试，不出事 ——绝缘棒的试验类型》中，针对绝缘棒的试验类型分别讲解试验的方法与试验重点，如图 3-2-7 和图 3-2-8 所示。

《试一试，不出事 ——绝缘棒的试验类型》微课大纲	
型式试验	第一部分
出厂试验	第二部分
入网试验	第三部分
验收试验	第四部分
预防试验	第五部分

图 3-2-7 《试一试，不出事——绝缘棒的试验类型》微课大纲

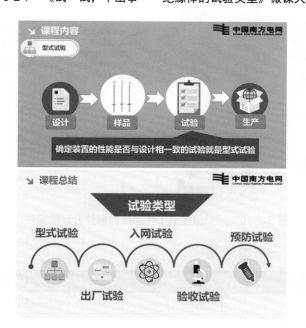

图 3-2-8 《试一试，不出事——绝缘棒的试验类型》微课片段

四、场景演示法

场景演示法常用于案例分析型或问题解决型的微课内容，指的是通过案例场景的还原，分析案例中所出现的问题或反映的现象，提出相应的解决方案或启示。

例如图 3-2-9 和图 3-2-10 所示图文微课《党员擅离工作岗位如何处分》中，展现了党员擅自离开工作岗位受到批评和处分的场景。然后通过案例说明情景中员工所犯的错误，以及《中国共产党纪律处分条例》中对于擅离工作岗位的处分条例。

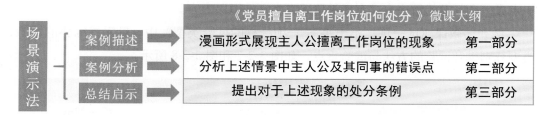

图 3-2-9　《党员擅自离工作岗位如何处分》微课大纲

图 3-2-10　《党员擅离工作岗位如何处分》微课片段

梳理逻辑线——表单运用

微课开发表单示例——梳理逻辑线			
大纲类型		明细	说明
层级分析法	解释说明		是什么→为什么→怎么办
	问题推导		描述问题→分析原因→解决问题
流程分解法		✓	工作前准备→工作过程→工作终结
分类说明法			类型/情况一→类型/情况二→类型/情况三→……
场景演示法			案例描述/演绎→案例分析→正确措施→总结启示

第二节　组织内容线

微课大纲框架搭建后，需要开发者依据知识点丰富内容，包括讲解文稿的参考资料与制作的辅助材料。

讲解文稿的参考资料也称为"干货内容"，是确保微课准确性、科学性、规范性的重要依据。员工自主开发微课，参考内容一般来自于组织知识、个人经验和外部实践经验，见表3-2-2。

表3-2-2　员工自主开发"微课"材料来源

参考材料来源	说明
组织知识	指组织内的相关政策、制度、规范、流程、管理办法、作业指导书等
个人经验	指个人发现在工作中的问题、差异或改善点；或者专家、优秀员工的方法技巧
外部实践	指同行、同专业领域内已有的理论和工作方法，故事案例（正反案例）等

以上内容包括概念定义的来源、工作原理的依据、案例（正反案例）、相关条文法规、管理办法、作业指导书等，收集整理后需要开发者筛选、提炼，内化为自己的微课观点，形成系统的讲解内容。

微课制作的辅助素材，包括现有的视频片段、音频、图片资料、图标等，如不受版权限制，可直接用于微课设计。

一、搜集参考资料

不同类型的微课，需要考虑不同的资料来源，见表3-2-3。

表3-2-3　搜集参考资料

微课内容类型	资料收集来源
技能实操类	□电力安全工作规程
	□作业指导书、作业标准
	□流程规范说明、工作表单
	□设备操作说明
	□技能实操案例故事（典型事故案例、安全生产故事等）
	……
专业技术类	□公司各项管理办法
	□规范制度、岗位要求、从业规范
	□指导手册、工作指南
	□内部案例库（项目管理不规范案例、廉洁案例库等）
	……

续表

微课内容类型	资料收集来源
通用管理类	☐专题网站
	☐相关管理类书籍
	☐个人、专家经验
	☐经典案例故事
	……
党性修养类	☐国家政策、政府工作报告、法规或纪律条文
	☐领导人讲话
	☐党章党史的历史进程、故事案例
	☐国家、政府专题网站
	☐相关书籍、报章杂志、展馆资料
	……
文化理念宣贯类	☐企业纲领、部门纲领、班组文化宗旨
	☐优秀员工事迹
	☐企业官方网站
	☐当地历史、人文、典故等
	……

对于技能实操类微课，内容更多时候从技术指标类文件入手，如公司电力安全工作规程、技术导则、流程规范说明、工作表单、设备操作说明等。

例如，视频微课《10kV 电缆冷缩终端头制作》所依据的制度规范就有公司安全工作规程、公司城市配网技术导则、电缆线路施工及验收规范等，如图 3-2-11 所示。

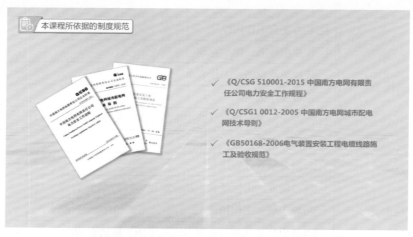

图 3-2-11　视频微课《10kV 电缆冷缩终端头制作》所依据的制度规范

对于专业技术类微课，可从公司各项管理办法、规范制度、指导手册中入手，如图 3-2-12 所示。

例如，人资部想要制作职业发展通道教育微课，可以用公司岗位管理办法、员工手册、岗位管理办法等文件作为参考材料。

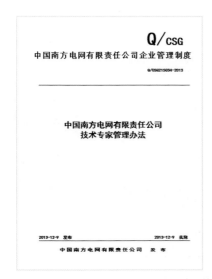

图 3-2-12　专业技术类微课的资料来源于公司制度及管理办法等

对于通用管理类微课，可从相关专题网站、管理类书籍、个人或专家经验、经典案例故事中收集参考内容，如图 3-2-13 所示。

例如，情商提升的微课，参考的资料内容来自情商管理类相关书籍。

图 3-2-13　情商提升图文微课"内容来源"片段截图

对于党性修养类微课，可从国家政策、领导人讲话、党章党史、专题网站中收集内容。

例如，图 3-2-14 中《蹄疾而步稳——习近平谈全面深化改革》主要内容是贯彻习近平总书记重要讲话精神，可从讲话报告、中国政府网、中国网、新华网、人民网等查找相关解读和说明等内容。

微课《一张图读懂〈中国共产党问责条例〉》是针对具体条例制作的微课，除了该条例内容，还可以搜集关于该条例的授课 PPT、新闻官网解读等。

图 3-2-14 党建类图文微课示例

对于文化理念宣贯类微课，可从企业、部门或本班组的纲领性文件、优秀员工事迹、当地历史、人文典故中收集参考资料。

微课内容中涉及的故事案例一般从专题网站或内部案例库中入手搜集。例如，安全事故案例可从安全管理网、典型安全事故案例库、不规范案例、安全事故报告中收集；廉洁案例可从公司监察部编制的廉洁风险防控数据库、纪检监察网、反腐监察网收集。

图 3-2-15 所示为某供电局编制的廉洁风险防控库，当中就包含风险点的具体描述、风险预控措施、公司的相关管理文件、风险管理自我评估方法等内容，如果你想针对某一廉洁现象开发微课，从风险库中找到对应风险点，相关知识内容便一目了然。

序号	业务领域	管理环节	主要风险事项名称	主要风险事项描述	地市供电局	县区供电局	风险综合评估等级	风险管控方法	风险管控措施	管控责任单位/部门	管控责任岗位	管控措施是否已植入制度或流程	涉及管理制度、文件	风险管控自我评估方法
6	物资管理	采购及供应商管理	供应商资格审查公正性风险	由于供应商评估标准不完善、供应商的评估、复核等工作不规范，可能导致供应商评估小组成员在对供应商评估过程中，利用职权便利索要、收受供应商好处，并利用职务便利选选审查结果偏向与自己存在利益关系的供应商	✔		中	规范/限制行为审计/核查	完善供应商资格评估标准；梳理、优化供应商资质能力评估工作流程	地市供电局资格评估小组成员		是	《中国南方电网有限责任公司招标管理规定》、《广东电网有限责任公司招标管理细则》、《广东电网公司供应商管理细则》	1、检查是否建立了供应评估标准；2、在资质评估阶段对供应商上报提交的各类信息进行不定期抽查，确定资质评估结果是否与提交的信息一致
							高	抽查/测试审计/核查	业务部门内部执行自我检查及自我监督，配合监察审计工作	物流服务中心 地市供电局/县(区)供电局资格审查小组成员		是		检查是否存在异常的供应评估结果
							高	绩效/奖惩	严格按规定惩处违纪行为	地市供电局/县(区)供电局资格审查小组成员		是		检查监察审计结果是否纳入了绩效考评，是否有效执行

图 3-2-15　某供电局廉洁风险库

二、搜集制作素材

在搜集内容时，我们会发现公司内部或其他网站中有一些关于该知识的解读或讲解，其中可能附带有视频片段、图片、音频、图标等。为了让微课的知识点讲解透彻、内容丰富，除了搜集文本内容拓展讲解外，还需搜集音视频、图片这些可用的制作素材，方便后期微课的设计制作。

（一）视频素材搜集

视频素材包括工器具或生产装置等产品介绍影片或宣传片、事故案例新闻报道、领导人讲话或国家重要政策颁布的记录视频等。

产品、设备介绍视频一般由设备生产商、供应商提供，也可以是公司内为培训员工所拍摄的教育视频。这些视频资料可以通过公司培训部门、宣传部门和采购部门获取。

其他视频资料一般是通过网络搜索来获取的。可以查找行业相关的网站、在线教育网站或新闻官网、政府官网等。

一般来说，网上搜集的视频素材都需要剪辑，截取合适的片段用作微课内容。此外，也可以通过截屏来获取图片，将重点内容用图片形式呈现。

（二）图像素材搜集

图像素材是指图片、图标等各种设计制作所需的平面素材。

在电力企业的微课开发中，涉及新技术、新设备的展示，还没有现成图片资料的，可用照相机拍摄获取。

但一般来说，无论是工器具、设备展示等图片，还是文化宣贯、制度解读等内容，配图大多摘自现有的教材或互联网图库。

那么，我们可以从哪些优质素材网站中搜集图像素材呢？可以参见表 3-2-4。

表 3-2-4　优质图片素材网站推荐

网站类型	网站名称	网址	推荐理由
照片类	pexels	www.pexels.com	图库免费，素材丰富
	stocksnap.io	www.stocksnap.io	海量高清免费图片
图标类	Iconfont	www.iconfont.cn	数量丰富，支持自定义修改图标色彩，PNG 透明背景格式
	flaticon	www.flaticon.com	图标类型多样，扁平化风格
综合类	昵图网	www.nipic.com	图像资源丰富
	千图网	www.58pic.com	海量图库，类别丰富，免费
	全景图	www.quanjing.com	质量高，可商用
	淘图网	www.taopic.com	素材丰富，可下载免抠背景图

三、整合验证内容

内容搜集完成后，我们将内容素材筛选整合到大纲中。

例如，"两学一做"专题微课中，有开发者选了"中共三大"内容进行解读。大纲通过时代背景交代、会议过程、历史意义来讲解"中共三大"，见表 3-2-5。

表 3-2-5　两学一做之我见——解读中共三大

模块	主要内容（知识小点）	参考资料来源	搭配制作素材
时代背景	国民大革命的失败 统一战线的愿望 国共两党的发展	中共中央人民政府网"中共三大" 中共三大会址纪念馆资料 百科词条资料	齐鲁先锋微党课视频——优酷视频 中共三大宣传片——优酷视频 新浪新闻——镜头看党史"中共三大"会址图片
会议过程	会议概况简介 对党员规定的修改 对组织管理的修改		
历史意义	……		

进行微课内容验证，要求微课开发者具备对该微课的知识储备。在整合完成后需要微课开发者对各点内容进行验证，包括正确性、必要性、完整度、针对性、可复制性、讲解深度，即如图 3-2-16 所示的验证流程。

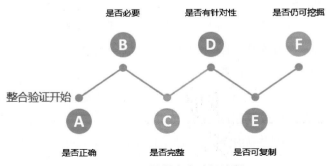

图 3-2-16　微课内容验证流程

例如，微课《两学一做之我见——解读中共三大》的整合表格中，主体内容是讲解"中共三大"的会议过程。

（1）正确性验证过程。多方资料互相印证，在搜集"中共三大"相关资料时，有多个资料讲述同一内容，且内容一致。此外，主要参考资料来自政府官网，资料来源较权威，可信度高。

（2）必要性验证过程。根据资料，将会议过程分三部分讲述：概况、对党员规定的修改、对组织管理的修改。这三部分内容在搜集的资料中都有涉及，属于"中共三大"会议的重点内容，有讲解的必要。

（3）完整性验证过程。思考知识点完整度的同时，还可以用资料来印证。相关资料介绍"中共三大"会议过程时，除了介绍会议整体概况，会议对党员、党组织的修改外，还有对会议决议的总结。综合考虑微课时长和内容丰富性，应补充"会议决议"的内容。

（4）是否有针对性。验证整体框架和内容，紧紧围绕"中共三大"展开，加上对"中共三大"历史意义的解读，对身为党员的受众更具备针对性。

（5）是否可复制。该微课旨在贯彻思想精神，通过学习党史，让学员在工作生活中拥护党，艰苦奋斗，努力拼搏。微课展示了"中共三大"艰难的时代背景，通过讲解，相信学员能感受到中共党员的精神力量，继承他们的优秀传统，达到从思想向行为的迁移。

（6）是否仍可挖掘。微课对"中共三大"内容进行了较为全面的解读，从深度和广度上都符合微课的要求。

通过以上验证，我们会得到更完整、更实用的微课内容。

此外，条件允许情况下，除了微课开发者自己对内容进行验证外，还可以邀请专家共同进行内容开发或在微课内容完成后邀请第三方交叉审核内容。

组织内容线——表单运用

微课开发表单示例——组织内容线					
大纲类型	框架模块	知识点	讲解方式	所需资料、素材	验证内容
层级分析法□ 流程分解法□ 分类说明法□ 场景演示法□		知识点一：	直接讲述 □ 举例／演示□	□原理依据 □案例故事 □政策制度 □技术指标 □作业流程步骤 □图片、音视频 □相关数据	正确性□ 必要性□ 完整性□ 针对性□ 可复制□ 完全挖掘□
		知识点二：	直接讲述□ 举例／演示□		
		……	……		

第三节　撰写脚本线

一、脚本格式说明

微课脚本指的是设计制作微课所依据的底本，脚本细致呈现微课的画面形式、讲解内容、故事及场景等。

由于图文、H5、动画、视频微课在视觉、听觉、交互呈现上各有差异，因此，我们在撰写脚本的时候也应根据呈现侧重点不同而有不同的格式呈现。

不同形式的微课脚本有不同的格式，其异同点参照表 3-2-6。

表 3-2-6　不同形式微课脚本对比

内容模块	图文微课	H5 微课	动画微课	视频微课
画面描述	✓	✓	✓	✓
旁白（录音）	✕	✓	✓	✓
交互设计	✕	✓	✕	✓
分镜描述	✕	✕	✕	✓
景别描述	✕	✕	✕	✓
其他	✕	测验题	明确录音角色	明确录音角色

我们结合上面对比的各种形式的微课脚本应包含的内容模块，整理了一个通用型的脚本模板，供大家使用参考（见理论篇第二章第三节中"脚本编写格式"）。在实际撰写时，可以根据侧重内容而增删每列的填写项。

（一）图文微课脚本撰写示例

在图文微课中，一张图文并没有页码、录音等内容，因此在填写通用脚本模板时，我们可将"页码/镜号"栏换成"标题"。然后写明"脚本正文""画面呈现"即可。

"脚本正文"就是微课讲解的主要内容，图文微课中直接呈现文字。

图文脚本的"画面呈现"可以是文字描述，也可以将前期搜集的可用图片放入，方便图文微课制作，如图 3-2-17 所示。

（二）H5 微课脚本示例

H5 的微课呈现比其他形式的微课更多样化，在 H5 微课中除了像 PPT 一样可以翻页，还可在每页添加旁白配音、视频、交互按钮等。

因此在 H5 脚本撰写中，包含"页码""脚本正文""画面描述""制作要求"这些内容，如图 3-2-18 所示。其中"脚本正文"可以选择采用录音旁白或不录音两种方式，如果采用录音，也可再添加一列"录音角色"；如果不录音，则将文字内容全部编辑到 H5 页面中，每页的"脚本正文"即每页呈现的文字内容。

微课题目：习近平治国理政关键词总述		
学习目标：了解十八大以来党的治国理政思想		
脚本说明：采用图文形式将习近平治国理政关键词用可视化的形式呈现		
标题	**脚本正文**	**画面呈现**
导言	十八大以来，以习近平为总书记的党中央，提出了一系列新理念、新思想、新战略，进行了一系列新实践、新探索、新创造，形成了一系列治国理政的关键词，如"中国梦"、"两个一百年"、"三严三实"、"一带一路"等	
战略层面	"两个一百年"奋斗目标、"中国梦"，都是中国人民的愿景和梦想，会极大激起全民追梦实干的热情与力量。 "五位一体"总体布局、"四个全面"战略布局、"五大发展理念"，引领新时期的中国治理。这是一场关系全局的深刻变革，是一次旨在"人的全面发展"的谋篇布局，是普惠于每一个中国人的战略考量	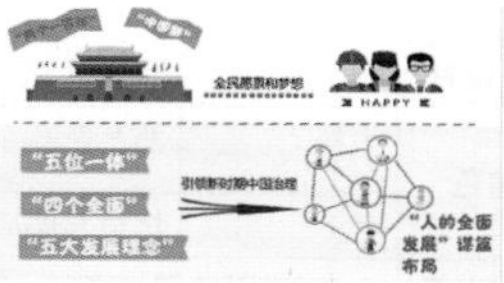
经济层面	中国主动认识"新常态"，适应新常态，引领新常态，着力推进"供给侧结构性改革"，推动经济结构优化，以"创新驱动发展"，使经济增长可持续	

图 3-2-17 图文微课脚本撰写参考示例

理想信念教育 H5 制作文本			
设计思路：推广理想信念教育，注重交互体验。侧重用更好的方式去展现**课程清单**，供受众有选择性地查看。			
页码	**脚本正文（不录音）**	**画面描述**	**制作要求**
P1	信仰的力量 ——理想信念教育体验式培训 中共中国南方电网公司党校		
P2：习近平的话	【理想信念教育有多重要？】 　理想信念就是共产党人精神上的"钙"，没有理想信念，理想信念不坚定，精神上就会"缺钙"，就会得"软骨病"。 ——习近平	习近平总书记的形象使用官方的卡通人物形象	
P3：整个项目规划+时间	【立足南网　面向央企】 培训规划： 1 个主题："信仰的力量" 2 个重点：理想信念和道德品行 3 个篇章：追溯救国路·重走长征路·迈向强国路 4 个地方：广州、贵州、广西、深圳		黄底内容作为折页，设计参考图文

图 3-2-18 H5 微课脚本撰写参考示例

　　在"画面描述"中，与图文微课脚本相同，可以先用文字描述设计的画面，也可直接搜集图片放入脚本，用作设计参考。

在"制作要求"中，填写该页的交互设计，例如提示内容要经过点击按钮才弹出。

（三）动画微课脚本示例

动画微课一般包含剧情或人物对话，直接讲述型的动画微课也需要旁白配音。

因此在动画微课脚本中包含"录音角色""脚本正文（录音内容）""画面描述""制作要求"这些内容，如图 3-2-19 所示。此外，多角色对话的动画建议在脚本撰写时补充角色设定要求、故事背景或故事梗概说明，方便配音师配音的时候能理解配音氛围及角色的配音感觉。

安全用电，保护电力设施—动画脚本

● 说明

角色	小刘	热血青年：不懂得安全用电，对电力设施保护一知半解的少年
	老王	沉稳大叔：懂得安全用电，注重对电力设施保护的中年人
故事背景		小刘在街道上偶遇老王，两人聊起了安全用电常识及电力设施保护事项

● 脚本

编号	录音角色	脚本正文（录音内容）	画面描述	制作要求（备注）
1	老王	（背景音乐）	老王在街道上走（背影）	
2	小刘	哎！老王，等等我	小刘出现在画面中，叫住老王，老王回头	
3	小刘	老王，我们家冰箱最近出了点问题，我都捣腾好几次还是没用，听说你挺懂电器的，你上我家给我修理一下呗	小刘追上老王，对老王说	
4	老王	小刘啊，家用电器故障，需找专业人员维修，很多电器，即使断电后，内部依然有电，擅自拆开会有触电危险	老王给小刘普及安全用电常识+FLASH 动画	老王给小刘普及安全常识时配以和画外音符合的 FLASH 动画

图 3-2-19　动画微课脚本撰写参考示例

（四）视频微课脚本示例

虽然视频的呈现与动画的呈现相同，都是通过声音与画面展示微课内容，但视频微课的制作包括视频拍摄与后期剪辑、包装。因此，视频微课脚本与影视脚本相似，包含"镜号""解说词""画面重点""场地""景别""拍摄要求"这些内容，如图 3-2-20 所示。

在技能实操类微课摄制中，画面重点和拍摄要求是尤其需要注意的，拍摄实操过程中应对关键步骤进行特写，使学员观看微课时能关注到工作细节。

整齐规范的脚本能让微课开发者制作微课时思路更清晰，明白内容呈现的具体形式。但是脚本中最核心的内容还是正文讲解。如何用故事和语言打动人心呢？我们接下来展开学习。

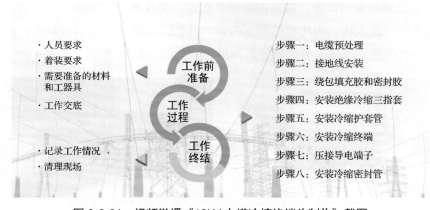

		1.工作前准备				
镜号	作业步骤	脚本正文/解说词	画面重点	场地	景别(全景/远景/中景/近景/特写)	拍摄要求
1	人员要求	一般参与该项工作的人员3名：监护人1名，操作人2名	监护人、操作人	室外	全景	
2	着装要求	工作人员必须穿好工作服、工作鞋、戴好安全帽	工作服、工作鞋、安全帽	室外	全景	
3	需要准备的材料	配电线路第一种工作票、作业指导书、电缆冷缩终端头、三色胶布、铜接线子、10kV电缆冷缩中间头制作说明书、冷缩中间接管、铠装带、附件包		室外	全景	材料一字排开拍摄
4	工器具准备	安全围栏、个人工具、相关检测仪器、湿度计、电缆剥削器、钢锯、压接钳、电缆剪、电缆支撑器具、毛巾		室外	全景	工器具一字排开拍摄

				2.工作过程				
接下来是工作过程。10kV电缆冷缩终端头制作，包含以下8个步骤。 下面我们来详细了解一下每个步骤具体工作内容和要点吧。								
镜号	作业步骤	解说词	画面重点	是否为关键步骤	关键点	场地	景别(全景/远景/中景/近景/特写)	拍摄要求
5	步骤一：擦洗干净	首先，在电缆两端1米范围内，擦洗干净电缆护套		是	注意：电缆中间头的制	室外	近景、特写	数据要在画面做标记

图 3-2-20　视频微课脚本撰写参考示例

二、故事情节构思技巧

同样主题的微课，有人制作出来无人问津，有人制作出来备受欢迎，原因就在脚本设计上。同一个主题的脚本，可以有多种设计方式。以下是常见的几种脚本设计方式。

（一）直接描述

对于实操讲解类实拍视频微课，可采用平铺直叙的方式，根据时间或空间维度，或采用分类法，逻辑清晰地讲解即可。

例如微课《10kV 电缆冷缩终端头制作》就是先根据时间维度——工作前准备、工作过程、工作终结将微课分为三大部分，对于工作过程部分又按照分类法将微课内容分为步骤一、步骤二……逐一讲解，如图 3-2-21 所示。

图 3-2-21　视频微课《10kV 电缆冷缩终端头制作》截图

（二）答疑解惑

当设计知识技能讲解时，为避免单一讲解让人感觉枯燥，可设计对话／讨论式故

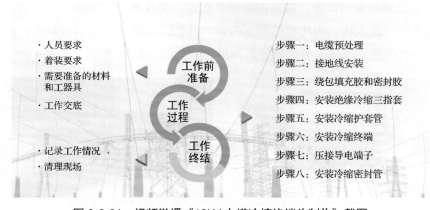

事情节，一般采用的是两人对话式，通常是一问一答，以老带新。

例如系列微课《赫兹当家》中设计的是小赫兹与师傅的对话，由小赫兹提出问题，师傅解答的方式讲解低压集抄自主运维的相关知识，如图 3-2-22 所示。

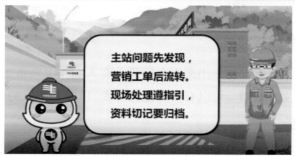

图 3-2-22　系列微课《赫兹当家》截图

（三）故事新编

根据大家耳熟能详的神话、童话或小说、动画、武侠故事，结合脚本内容进行改编，使之与脚本主题相吻合。

例如员工辅导系列微课，脚本内容涉及职场，由此我们联想到"白骨精"，继而联想到西游记一众人物，因此根据脚本内容，我们以西游记为故事背景进行改编，从而制作出具有西游记风格的员工辅导系列微课，如图 3-2-23 所示。

图 3-2-23　员工辅导系列微课《认识自我》截图

又如讲解应急抢救措施的微课，将其中的胸外按压术和人工呼吸抢救方法拆分为两个微课，并根据其特性分别包装命名为"回阳神功"和"吻醒神技"（见图 3-2-24），这样首先在标题上就已具有一定吸引力和趣味性，同时在内容设计上也力求与标题风格相呼应，整个脚本的设计显得完整而有特色。

图 3-2-24　系列微课《回阳神功——胸外心脏按压术四口诀》
《吻醒神技——口对口人工呼吸四口诀》截图

（四）游戏互动

结合游戏设计，根据脚本内容选择合适的场景展现游戏过程，通过微课角色在游戏中不断突破难题、升级通关来讲述知识要点和正确做法等。

例如，微课《南网萌物语之电力三宝》在讲解电网作业人员三个必备物品（工作服、安全帽、安全带）时，根据其属性——都是个人穿戴用品，设计了类似"换装游戏"的情节，让学员跟随动画中的人物进行互动，如图 3-2-25 所示。首先根据游戏中的角色要求选择正确的工作服、安全帽，一旦选择错误，则进入教学环节，让学员学习如何正确穿戴工作服、安全帽等。

图 3-2-25　系列微课《南网萌物语之电力三宝》截图

三、脚本的语言技巧

（一）标题包装

一个好的标题能够使微课快速获得学员的注意力。常见的标题包装方式有数字提要法、情景代入法、设置疑问法、句式对仗口诀法、类比法五种，其大致适用微课范围及相应示例见表 3-2-7。

表 3-2-7　标题包装方式适用微课范围

标题包装方式	适用范围	举例说明
数字提要法	讲解方法技巧类，可明显用数字概括的微课	1. 高效能人士的 7 个习惯； 2.6 步让你成为巡视高手
情景代入法	讲解某项工作或某个场景时经常共同用到的一些东西，彼此有某种关联	电网安全三杰之桃园结义
设置疑问法	知识点内容讲解、工器具或作业介绍等	变电站身边的你我他之他真的懂变电站吗？
句式对仗口诀法	讲解某项操作或作业操作	回阳神功修炼手册——口对口人工呼吸
类比法	讲解的东西有着同一作用	输电线路跳闸"三大杀手"

（二）开头导入

良好的导入能够激发学习者的学习兴趣，快速吸引注意力。常见的微课导入方式有 6 种：忆旧迎新、设疑导入、开门见山、讨论 / 对话导入、故事导入和案例导入。

◆ 忆旧迎新

一般适用于系列微课件，用以回顾前文，引出下文，如图 3-2-26 所示。

课程开始前先回顾前一课程的内容"回阳神功"，继而引出本课程的主题"吻醒神技"。

图 3-2-26　动画微课《吻醒神技——口对口人工呼吸四口诀》截图

◆ 设疑导入

通过提出问题，引出微课主题，用于讲述注意事项、问题解决方式等，如图 3-2-27 所示。

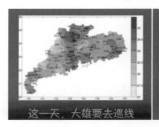

课程开始设置一个悬念，以疑问句式引发受众好奇心，吸引继续观看。

图 3-2-27　动画微课《巡视安全应急小贴士——我与高温中暑的"爱恨情仇"》截图

◆ 开门见山

技术技能实操类微课通常是开门见山，直接切入主题，讲解操作知识，如图 3-2-28 所示。

开始直接交代本次课程主题，紧接着就开始作业内容讲解。

图 3-2-28 动画微课《10kV 电缆冷缩终端头制作》截图

◆ 讨论 / 对话导入

在进行某项知识技能的讲解时，如果觉得单一讲解枯燥无聊，可尝试使用对话/讨论式的方式，设置两人或多人对话用以开头的导入，合理营造微课场景，如图 3-2-29 所示。

设计场景为常见的办公室内，使用平常的答疑式两人对话，自然而然地引出微课内容的讲解。

图 3-2-29 动画微课《如何开展志愿服务项目化管理》截图

◆ 故事导入

可根据微课内容自己新编一个故事或者在大家熟悉的故事的基础上进行合理改编，用故事包装微课内容，吸引学员注意，如图 3-2-30 所示。

设计电网征兵的故事背景，为后文做交代，也为微课增添了趣味性。

图 3-2-30 动画微课《电网安全三杰之皇榜征兵》截图

◆ 案例导入

用真实案例引出微课主题，尤其适用于问题解决类微课，容易起到警示作用，如图 3-2-31 所示。

运用新闻联播式开头插入视频，引出作业事故案例，从而引出主题。

图 3-2-31 动画微课《巡视安全应急小贴士——主动拒绝电的"亲密接触"》截图

（三）主体内容

撰写具体内容时，在保证内容完整准确的基础上，如何做到不枯燥、不单调，有趣又有料呢？以下是几个小技巧，一起来学习一下。

◆ 置入真实情景

基于该微课所对应工作场景来讲解知识，实现工作场景再现、案例场景再现，令受众在学习时更有代入感，易产生共鸣。

例如在编写《信息安全的那些事儿——互联网的三大保护罩》微课脚本时，设置的场景就是该微课要讲解的发现信息安全问题的办公室内，如此受众在学习时更加易于理解和接受其中信息，如图 3-2-32 所示。

图 3-2-32 动画微课《信息安全的那些事儿——互联网的三大保护罩》截图

◆ 构建虚拟情景

将卡通形象对话、武侠小说情景、童话故事等与微课需要讲解的内容相结合，为微课增加趣味性的同时又能增强受众记忆，使学员达到学而不忘的效果，如图 3-2-33 所示。

图 3-2-33　以《西游记》故事为原型的微课片段示例

◆　设计互动场景

　　良好的互动能促进与受众的交流，使受众注意力与兴趣更持久。通常我们可以通过给微课设置一个游戏化的场景、在 H5 微课中设计若干测试题、运用设问式课程导入、构建与观众的对话这几种方式来实现微课中的互动，如图 3-2-34 所示。

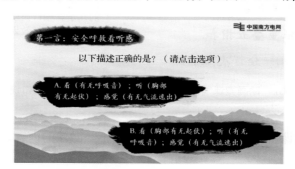

图 3-2-34　动画微课《回阳神功——胸外心脏按压术四口诀》截图

（四）结尾方式

◆　总结回顾

　　课程结束的时候应有总结，趣味的总结方式能让人回味无穷。结合案例，我们一起来看一下可以如何让总结变得有趣，如图 3-2-35 ～图 3-2-37 所示。

运用贴心提醒小贴士的方式，再次强调微课核心内容——MPS 法则，并将微课内容总结提升，表达运用 MPS 法则可以帮助我们调整工作情绪这一观点。

图 3-2-35　员工辅导微课《认识自我》截图

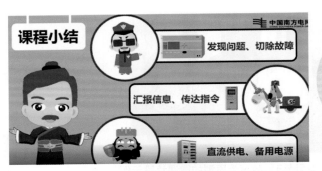

> 短语式总结，将课程的每一个部分归纳为一个短语，并配以相应画面，加强受众记忆，帮助回顾并记忆课程内容。

图 3-2-36　系列微课《电网安全三杰之皇榜征兵》截图

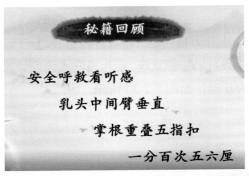

> 口诀回顾，直接将每个部分的标题依次放上来，这样能够快速与前文内容对应。需要注意的是，这类回顾方式，适用于微课的各部分标题都是提炼过的句子，如口诀或诗句，否则回顾时放一起效果不好。

图 3-2-37　动画微课《回阳神功——胸外心脏按压术四口诀》截图

◆　预告下文

适用于系列微课中，在每个微课的结尾预告下一微课的内容，加强系列性与整体性，如图 3-2-38 所示。

> 运用悬念式的结尾，引出下一课程的主题，吸引学员继续观看。

图 3-2-38　系列微课《电网安全三杰之短兵相见》截图

◆　测试题巩固

测试题多用于 H5 微课，回顾知识点的同时又能巩固新知，加强交互性，如图 3-2-39 所示。

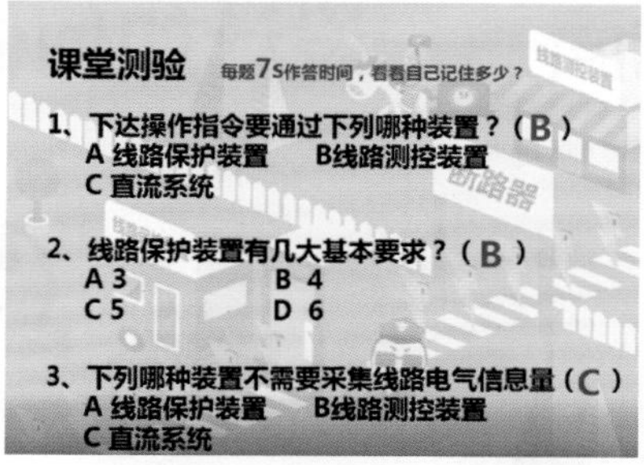

课程结束，来道测试题能够帮助巩固知识，这种做法用在H5微课最为合适，能够充分利用其交互功能，增强交互体验。

图 3-2-39 微课《电网安全三杰之桃园结义》

撰写脚本线——表单运用

<table>
<tr><th colspan="5">微课开发表单示例——撰写脚本线</th></tr>
<tr><td colspan="5">微课题目：</td></tr>
<tr><td colspan="2">微课形式：</td><td colspan="2">开发者：</td><td>审核人：</td></tr>
<tr><td colspan="5">学习目标：</td></tr>
<tr><td colspan="5">学习对象：</td></tr>
<tr><td colspan="5">大纲类型：层级分析法□ 流程分解法□ 分类说明法□ 场景演示法□</td></tr>
<tr><td colspan="5">脚本说明：（此处填写微课创意构思或故事梗概、拟定时长、制作注意事项等）</td></tr>
<tr><td>页码 / 镜号</td><td>录音角色</td><td>脚本正文</td><td>场景 / 画面描述</td><td>制作要求 / 突出内容</td></tr>
<tr><td></td><td></td><td></td><td></td><td></td></tr>
<tr><td></td><td></td><td></td><td></td><td></td></tr>
</table>

通用脚本表单使用说明：

（1）此脚本模板适用于图文、H5、动画、视频为核心形式的微课制作。

（2）按实际需求填写，图文微课中没有录音角色及场景 / 画面描述部分，可不填写。

（3）学习目标处可参考“ABCD 学习目标编写法”撰写。

第三章 "微"成面——设计如何做

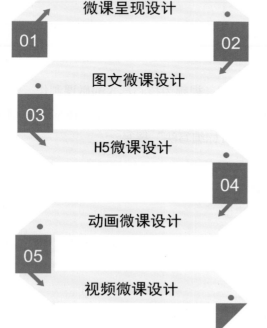

01 微课呈现设计

02 图文微课设计

03 H5微课设计

04 动画微课设计

05 视频微课设计

"微"成面从视觉面、听觉面、交互面的设计原则出发，指导大家进行图文、H5、动画、视频的制作。

许多优秀的内训师或专家积累了丰富的教学经验，能够写出内容优质的授课教案，在微课开发时却很容易被PPT排版难倒，做出的课件明明干货满满，却"无人问津"。因此，设计制作环节对微课的开发也很重要，微课的美观程度很大程度上影响着学员的学习热情。

"点线面"微课开发方法论中，"微"成面从视觉面、听觉面、交互面的设计原则出发，通过规范的开发技术、实用的工具软件指导大家如何进行图文、H5、动画、视频形式的微课制作。

第一节　微课呈现设计

无论你的微课内容是什么，最终受众都是通过微课成品呈现来了解它。而一个优秀的微课需在视觉、听觉和交互效果上呈现出"活起来"的效果。因此我们所说的"成面"就是选取合适的工具从视觉、听觉、交互层面去制作，最终形成完整、全面的微课。接下来我们先学习常用的微课设计技巧吧。

一、视觉呈现

微课视觉呈现直接给予学员最直观的感受，学员对微课的第一印象就此定下。因此微课视觉效果设计尤其重要。微课的视觉设计主要包括页面排版和配色两方面。

（一）排版

页面排版是微课制作的基础内容之一，好的排版能强化学习者的视觉认知，提醒学习者关注重点信息。排版是如何做到的呢？理论篇中我们已经学习了设计排版的四大原则——亲密性、对齐、统一性、对比，那么接下来从这四大原则出发来学习排版的技巧。

1. 亲密性技巧

亲密性原则是指在微课排版中将相关的信息项组合在一起，使其成为一个整体的视觉元素，而不是散落在各处毫无联系的信息点。

很多时候我们做出来的微课页面看起来不合理，却说不出来具体问题，可能就涉及亲密性的问题。

如图3-3-1（a），看起来最下面的制作信息是对齐的，大标题居中。但我们阅读这一页的信息，视线起码需要停留5处。

图3-3-1（b）中，将标题文字加粗显示，但我们阅读时还是会担心漏掉边角信息。

如图3-3-1（c）所示，则利用亲密性原则调整后，关联信息相对集中，给人更舒服的观感。

图 3-3-1　亲密性排版示例三图对比

由此看来，学会亲密性的排版需要避免几个误区：

● 不要因为页面空白就将元素随意摆放进去。

● 一个页面上的孤立元素不要过多。

● 不要总在元素之间留同样大小的空白，除非是很明确的并列关系。

那么实现亲密性的微课排版有什么技巧呢？

✓ 对于同一组合内的元素，赋予更近的距离，如图 3-3-2 所示

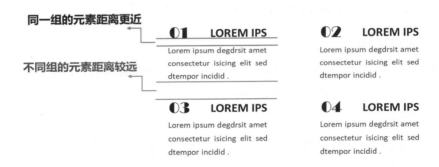

图 3-3-2　亲密性排版技巧——同一组合元素距离相近

✓ 同一组合内的元素使用相同或相近的颜色，与其他组合有颜色对比，但总体观感协调，如图 3-3-3 所示。

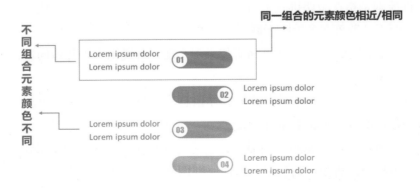

图 3-3-3　亲密性排版技巧——同一组合元素颜色相近

✓ 使用相同或相近的字体和字号，如图 3-3-4 所示。

图 3-3-4　亲密性排版技巧——使用相近字体、字号

✓ 利用线条或图形分割不同组合，如图 3-3-5 所示。

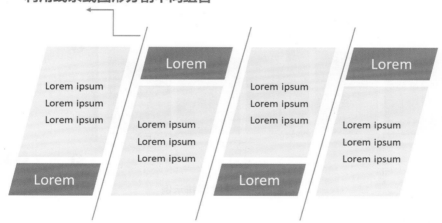

图 3-3-5　亲密性排版技巧——利用线条或图形分割不同组合

这些技巧不仅可以用在图文、PPT、H5、动画、视频等微课的排版上，还可以运用到画册、海报、简历、名片的设计制作当中。

2. 对齐技巧

对齐原则就是在排版时让各项元素整齐有序排列。"对齐"是一个大家都熟悉的概念，而在微课页面中，无论使用专业的排版设计工具还是用普通的 office 软件，左右对齐、居中对齐都是常用的。

那么对齐的技巧是什么呢？

✓ 对齐时，注意利用参考线或网格来帮助你对齐。

✓ 对于文字内容，一个页面上只能使用一种对齐方式。对齐方式有左对齐、居中对齐、右对齐，如图 3-3-6 所示。

图 3-3-6　文字对齐实例

✓ 对于含有文字、图形模块或图片的页面内容，建议内容的边界、模块要对齐，模块与模块间要等距分布，如图 3-3-7 所示。

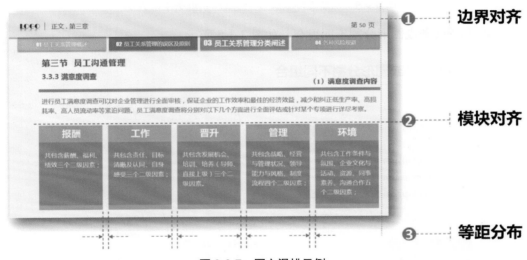

图 3-3-7　图文混排示例

3. 统一性技巧

统一性排版就是让视觉要素在整个作品中重复，能够实现整体风格的统一。

统一性排版的技巧有两点：

✓ 模板风格统一 。

我们都知道在制作 PPT 时最好先选定一套统一的风格模板，目的就是让 PPT 的每页看起来是有关联、成体系的。那么同理，微课设计也需要一套统一的设计模板，模板将微课每页的重复性元素进行了样式风格、色调上的统一。如图 3-3-8 所示，党建元素（党徽、石狮、天安门）在每页中都重复使用，看起来整个微课和谐舒适。

图 3-3-8　模板风格统一

✓ 字体、字号统一。

在每个微课页面中，一级标题、二级标题、正文等的字体、字号都需要统一，如图 3-3-9 所示。

图 3-3-9　字体、字号统一

4. 对比技巧

对比是指页面上的不同元素之间通过多种方式产生对比，如大字体和小字体的对比、细线和粗线的对比等，以此制造信息焦点。

对比有两种实现方式：

✓ 文字对比：通过字号、字体、方向、底部色块修饰的不同形成对比效果如图 3-3-10 和图 3-3-11 所示。

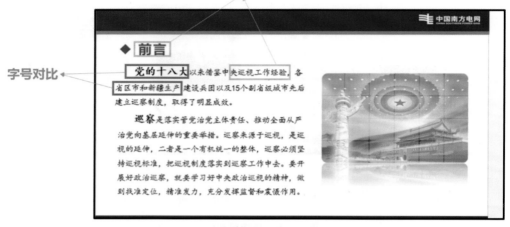

图 3-3-10　文字对比技巧——字号对比

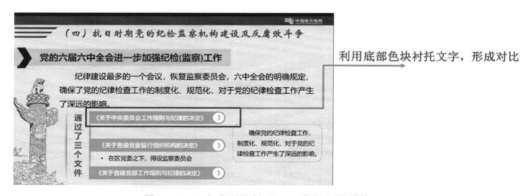

图 3-3-11　文字对比技巧——底部色块修饰对比

✓ 图片的对比：通过局部放大、背景黑白、虚化、局部遮盖形成对比，如图 3-3-12 所示。

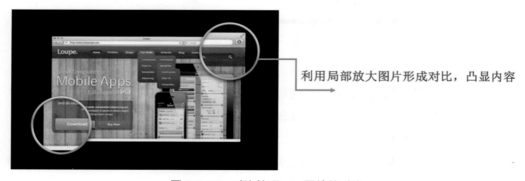

图 3-3-12　对比技巧——图片的对比

✔ 颜色的对比：通过不同色块、颜色搭配形成对比，如图 3-3-13 所示。

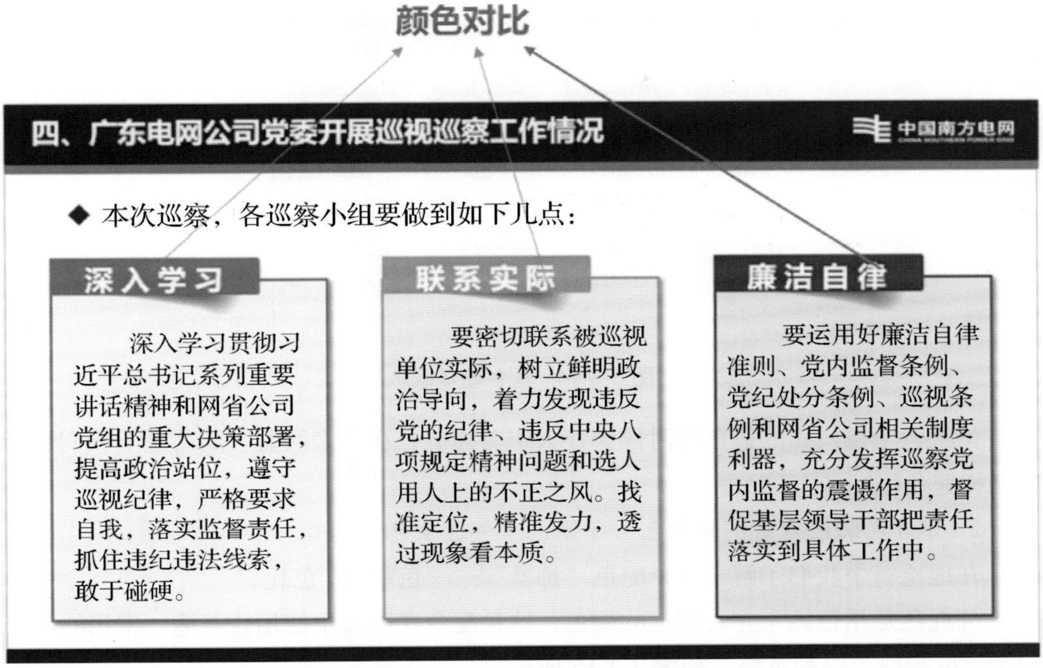

图 3-3-13　对比技巧——颜色的对比

（二）配色

在微课的画面呈现中，配色给人的视觉感受是整体性的，因此一旦配色出现问题，很难通过调整细节来改正。

1. 配色基本概念

在微课中常见的色彩有四种：背景色、字体色、主色、辅助色。

（1）背景色：一般来说为了凸显字体内容，背景会采用与字体对比明显的颜色，当背景为白色或浅色时，字体为黑色或深色；当背景颜色较深时，字体为浅色系居多。

（2）字体色：通常为黑色或深色，背景色较深时可能会用亮度高的浅色字体，形成对比，凸显内容。

（3）主色：通常为主题色或 logo 色，例如南方电网的微课一般主色为蓝色，关于党建的微课大多采用红色为主色。

（4）辅助色：考虑到主色过于单调，经常作为主色的补充。

在广东电网的微课中，我们常见的就是蓝色同类色的配色（见图 3-3-14）。这种配色方案运用了不同深浅度的蓝色，让微课画面看起来统一简洁。

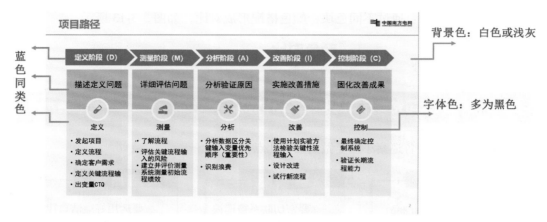

图 3-3-14　配色基本概念

但是，千篇一律的蓝色有时候会让人审美疲劳，在"南网蓝"的基础上我们还可以怎样配色呢？

2. 邻近色配色方案：背景色＋字体色＋邻近主色

在理论篇中我们了解了一个配色"神器"——色相环／色轮。

邻近色是指色轮上左右邻近的颜色，这种配色在微课中使用较普遍，常用的为红配黄、蓝配绿、绿配黄等，如图 3-3-15 所示。

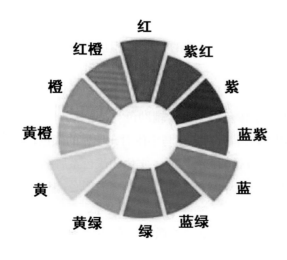

在色轮上相邻的颜色

红色—橙色—黄色—绿色
绿色—蓝色—紫色—红色

图 3-3-15　邻近色配色方案

如图 3-3-16 所示，如果主色遵循的依然是"南网蓝"，则可以形成蓝绿配色，在蓝色系中点缀绿色，视觉上比较温和，但比同类颜色的配色更加活泼一些。

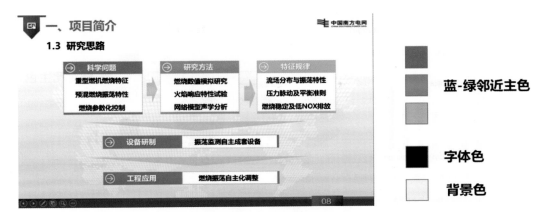

图 3-3-16　邻近色配色方案

3. 对比色配色方案：背景色＋字体色＋对比主色

对比色是指色轮上呈 180°对应的颜色，如红配绿、橙色配蓝、紫配黄，如图 3-3-17 所示。这种配色在色差上对比强烈，一般在需要强调的地方使用。

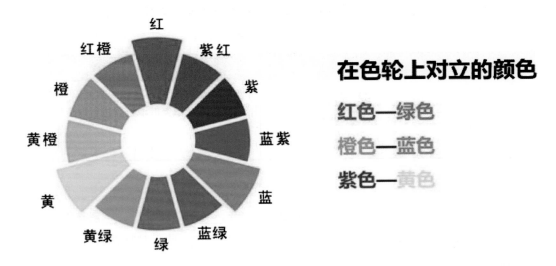

图 3-3-17　对比色配色方案

如图 3-3-18 所示，在"南网蓝"的品牌主色下，可以用橙黄色形成对比，不仅能凸显对比的内容，还能让整个页面更亮眼。

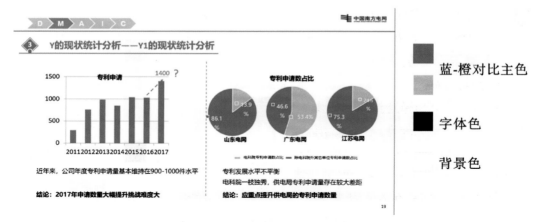

图 3-3-18　对比配色方案实例

4. 配色网站推荐

除了运用配色技巧进行色彩搭配外，还可以借助一些学习工具，让你的微课配色不局限于"南网蓝"。

这里我们介绍几个配色工具网站，让你不再为配色发愁，见表 3-3-1。

表 3-3-1　配色网站

网站名称	网址	使用方法
colorhunt	www.colorhunt.co	将一组合适的配色方案截图放到 PPT 中，运用 PPT 中颜色填充的取色器进行取色配色
webgradients	www.webgradients.com	
coolors	www.coolors.co	

二、听觉呈现

微课中的听觉呈现主要指微课中的配乐和配音。对于微课配乐，一般选择与微课情景相关的较为柔和的轻音乐。在动画、视频、H5 制作中，一些工具软件会自带音乐库，提供配乐供我们选择，或者提前下载轻音乐，制作时插入自动播放即可。

相比配乐，微课的配音就麻烦多了。无论是单人旁白还是多人对话，都需要根据脚本录音。因此，在微课听觉呈现上，我们重点介绍微课的配音技巧。

（一）微课配音技巧

专业课件制作公司制作的微课，一般聘请专业配音师配音，但我们自己制作微课，限于制作成本，我们可以亲自上阵或邀请同事朋友参与微课配音。

在制作微课时，旁白、配音常被我们忽视。事实上，声音的好坏占了我们对一个视频微课主观评价的大部分，因为我们的感知很大程度上来自听觉。当微课没有配音时，我们会专注于其内容和版面，但是一旦有声音，我们往往依赖声音多过页面文字。

而一个不好的声音，会比其他任何因素更明显地体现微课的质量。下面简单介绍几个录制配音的技巧。

1. 距离适中

我们一般会选择连接电脑的麦克风或者手机麦克风录音。那么，录音前你需要调整麦克风音量，让麦克风的录音音量大小适中。一般来说，距离麦克风 2 ～ 5cm 的录音效果最好

图 3-3-19　微课配音技巧

（见图 3-3-19）。在正式录音前，可以先根据此距离试录几句，听听声音效果，如果音量可以就固定好录音位置，记住自己的发音感觉，进行正式录音。

2. 防喷麦

手持麦克风时，容易录入爆破音和"噗噗"声（我们常说的喷麦）。可以在话筒上加防风罩，或者在麦克风上包一层湿巾、海绵等。

3. 位置固定

尽量用支架固定麦克风。若手持麦克风，我们无法避免手的颤动和手握麦克风带来的噪声。特别是在说话时，随着情绪的变化，或者表达的需要，我们的手会有较大幅度的动作。

（二）音效素材资源

有时候微课中需要一些特殊音效，而无法通过录制获得，这时候，就需要去一些网站进行搜索，下面介绍常用的两个音效素材网站。

1. 站长素材：http://sc.chinaz.com/yinxiao/，如图 3-3-20 所示。

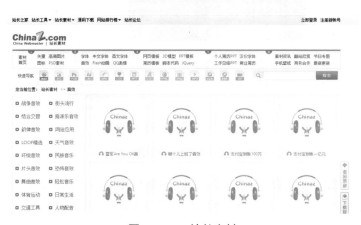

图 3-3-20　站长素材

使用方法：搜索关键词找到需要的音效，点击该声音文件，在弹出页面中下拉找到下载选项，选择文件格式，随意选择点击一个下载地址，在弹出页面中，选择下载路径后点击下载即可，如图 3-3-21 所示。

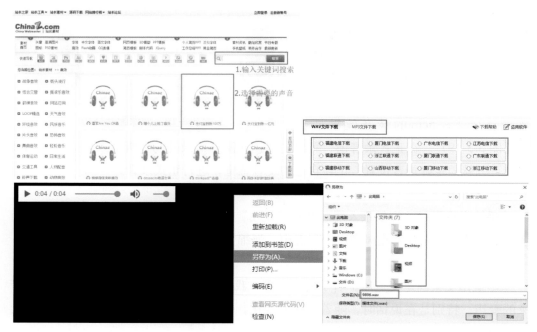

图 3-3-21　站长素材使用方法

2. 音效网：http://www.yinxiao.com/index.asp，如图 3-3-22 所示。

图 3-3-22　音效网

使用方法：选择需要的音效类别，找到需要的音效后，点击该声音文件，在弹出页面中下拉找到下载选项，点击下载按钮，选择下载路径后点击下载即可，如图 3-3-23 所示。

图 3-3-23　音效网素材使用方法

第二节　图文微课设计

通过对一些图片、图形、图表、文字等进行设计排版，就能形成一则图文微课，相较于其他类型微课，图文微课能够最快出成品。它适合用于知识点、理念的宣贯，难点在于对可视化的要求高，如图 3-3-24 所示。

图 3-3-24　图文微课《习近平治国理政关键词总述》片段示例

那么，当我们需要设计一则图文微课的时候，有哪些注意事项？又有哪些可以借助的工具呢？

一、设计要点说明

当我们在进行图文微课设计的时候，在层级关系、字体或图形的效果设置以及课程要点的呈现方面，都要有所注意。

（一）区分层级关系，明确框架逻辑

首先需要明确不同内容之间的层级关系。

最简单直接的方法就是对标题进行不同级别的划分，并设计相应的符号，从文字、大小甚至颜色上也相应区分，使整个内容的层次结构以及逻辑架构一目了然。

例如：将标题区分为一级标题、二级标题等；字号上，从大到小依次为一级标题、二级标题、次标题、正文，如图 3-3-25 所示。

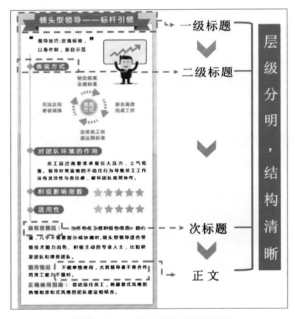

图 3-3-25　区分层级关系示例

（二）效果设计简约化

其次是在字体、形状、图片等的效果设置上，要尽量简化，慎用各种诸如阴影、倒影之类的效果，避免让人眼花缭乱。

建议一则图文微课，要么整体在文字、形状、图片等方面不设置任何效果，要么统一设置一种效果，如图 3-3-26 所示。一则图文微课内使用的图文效果不宜超过 3 种。

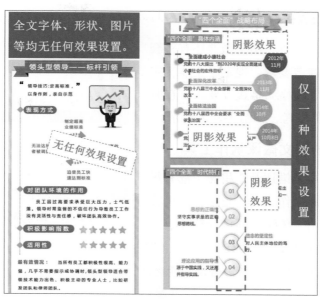

图 3-3-26　简约化效果设置示例

（三）可视化呈现要点，快速消化精华

由于图文微课只能从视觉角度来传达内容，所以需要有更高程度的可视化表达来吸引受众注意，这就要求我们在设计制作图文微课时高度提炼主要内容，善于利用各种结构框图展现，力求做到一图看懂要点，快速消化精华内容，如图 3-3-27 所示。

建议适当使用图标、结构图、卡通形象等活跃版面。注意统一风格、配色。

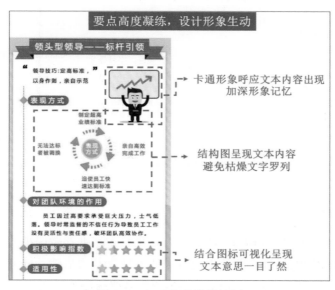

图 3-3-27　可视化设计示例

二、图文微课开发技术规范

除了以上设计要点，图文微课还有一套详细的开发技术规范要求，规定了字体、字号、行间距、尺寸规格、格式等要求，在制作前需了解，以作参考，如图 3-3-28 所示。

三、常见的图文微课制作工具

如今无论是电脑端还是手机端，都有很多免费的图文微课制作工具，包括在线设计平台、手机轻应用、传统平面设计软件等，让不同设计水平的微课开发者有了更广泛的选择。

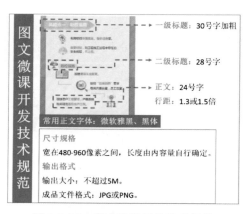

图 3-3-28　图文微课开发技术规范

部分图文微课制作工具的优势及功能对比见表 3-3-2。

表 3-3-2　常见图文制作工具对比

功能	创客贴	微课小助手	秀米	PS
LOGO				
操作难度	☆☆	☆	☆☆	☆☆☆
设计自由度	☆☆☆☆	☆	☆☆☆	☆☆☆☆☆
内置模板	免费，模板较丰富，部分需付费	免费，模板较少，模板风格特色分明	免费模板丰富，模板分类明确	无
内置素材	素材丰富，包括表单、表情包、人物、装饰等，素材精美	无	表单、贴纸等，素材够用	无，需要自己搜集素材
文字编辑	可更改字体、字号、颜色等	可设置颜色、字号、对齐等基本操作	字体样式少，可设置颜色、字号等	可自行设计字体、颜色、特效等
画面编辑	操作简单，自由组合、设计	操作简单，模式单一	画面操作简单，可更改排版设计	只提供操作界面，专业性强，需自行设计
素材上传	可批量上传图片素材至该网站	逐个上传至APP	可批量上传图片，图片大小在3M以下	不限图片大小，可一次性导入图片进行批处理
输出格式	可导出PDF、JPG、PNG格式	JPG	JPG	输出格式多样，如PDF、JPG、PNG、MPO等
下载/使用地址	https://www.chuangkit.com/	广东电网网络教育公众号内点击"微服务"即可下载	https://xiumi.us/#/	https://www.adobe.com/cn/

四、工具推荐及技术说明

根据工具操作的简便性和易上手程度，这里给大家推荐微课小助手和创客贴两款工具，用于图文微课的设计，即使你没有专业设计软件的基础，也可以轻松快捷地用它们制作出图文微课。接下来一起了解一下它们的具体操作。

（一）微课小助手

微课小助手是由广东电网有限责任公司教育培训评价中心开发的一款简易微课制作工具。有了它，你只需要用手机就能完成图文微课的制作。应用中自带的图文模板囊括了公司开发微课常用的五大类内容，基本能够满足日常微课设计所需，如图 3-3-29 所示。

注意：微课小助手仅限于广东电网公司员工使用，其他微课开发爱好者们可以选择其他图文微课制作工具。

图 3-3-29　微课小助手中的五大类图文模板

使用微课小助手制作图文微课，只需要以下几个步骤：

①下载并安装微课小助手。

②准备好脚本与图片素材。

③选定图文风格与模板。

④逐级添加文字内容及图片。

⑤预览发布。

下面，我们以长图文微课《习近平治国理政关键词总述》的制作为例，为大家讲解该软件的操作方法。

1. 下载并安装微课小助手

要安装微课小助手，可以关注"广东电网网络教育"微信公众号，进入公众号后，在下方菜单栏处点击"微服务"，进入微课小助手下载页面，页面会自动跳转后下载应用，如图 3-3-30 所示。若页面没有跳转，可根据页面提示完成下载。无论是安卓设备还是苹果设备都可以安装这款手机应用。

进入广东电网网络教育公众号

点击"微服务"下载微课小助手APP

图 3-3-30　下载微课小助手 APP 下载方式

下载安装好后，点击你手机桌面的微课小助手应用，进入登录页面。拥有广东电网公司 4A 账号的员工可直接输入账号和密码登录，如图 3-3-31 所示。

微信小助手下载渠道：关注"广东电网网络教育"微信公众号，点击菜单栏"微服务"，下载"微课小助手APP"

在这里输入广东电网的4A账号登录才能使用哦

图 3-3-31　微课小助手下载及登录页面示例

2. 准备好脚本与图片素材

在制作图文微课前，我们已经撰写好了该微课的脚本，并根据脚本的内容，提前准备好图片素材。图文微课《习近平治国理政关键词总述》中涉及的内容都是党的治国理念，我们可以在网上搜集现成配图，也可以利用其他图像素材在 PPT 中拼接、裁剪、配字后生成图片，将图片保存到手机里备用。

3. 选定图文风格与模板

制作图文微课前，应根据脚本内容来确定微课的风格与模板。例如党性、团建类的微课内容常用红色系，模板中常出现党章、人民大会堂、国家领导人等元素；宣传廉洁制度的微课内容常用清新水墨的浅绿色风格，模板中常出现莲花、松竹、清水、鱼等元素；管理类的微课内容则常常采用商务风格，模板中会搭配办公用品、商务人物剪影、电脑等元素。不同风格的模板示例如图 3-3-32 所示。

图 3-3-32 图文微课风格模板示例

我们这次要做的微课《习近平治国理政关键词总述》，属于党性知识类内容，那么相应的，它的风格就应该是正式、严肃的，颜色上可以是红色为主。

接下来，我们先进入微课小助手的制作主界面。点击左上角"+"，就可以新建一个图文微课。然后根据你所想要开发的微课内容，选择合适的课程类型。在微课小助手中分别有"党性知识""廉洁制度""通用管理""案例问题""通用管理"五类内容可选。如果你认为自己的要开发微课不属于这五类，也可以点击每种类型看看有没有适合自己的模板，如图 3-3-33 所示。

图 3-3-33 微课小助手操作说明示例：点击"+"进入，选择课程类型

我们要开发的微课类型为党性知识，直接点击"党性知识"，进入模板选择页面。

通过查看模板我们发现模板 1 无论是颜色还是元素都与我们的脚本内容相吻合，于是我们确定选择模板 1，如图 3-3-34 所示。

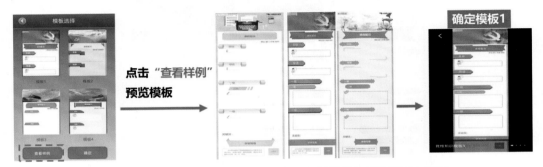

图 3-3-34　微课小助手操作说明示例：根据微课类型选择图文模板

4. 逐级添加文字内容和图片

模板确定后，我们就可以把脚本的文字内容和图片逐级输入和添加，包括标题、学习目标、导语、不同层级的标题以及关键词等，如图 3-3-35 所示。

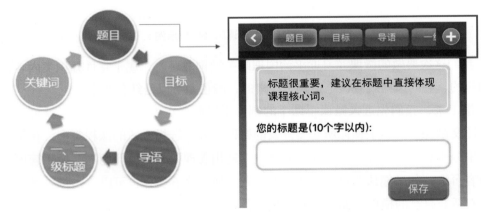

图 3-3-35　微课小助手操作说明示例：逐级添加微课内容

首先输入微课的"题目"，根据微课小助手的提示，标题应简洁明确，限制在 10 个字以内。输入标题文字后，点击"保存"。然后进入"目标"编写，目标即学习目标，我们在编写目标时可参考"微定点"中介绍的 ABCD 学习目标编写法。此处，微课小助手中也提供了常用的目标编写句式供大家参考。接着输入微课"导语"部分，根据脚本把提前编写好的内容输入即可，如图 3-3-36 所示。此处我们的脚本中并没有为导语的内容配图，如果你在制作中提前准备了合适的图片，可以点击页面下方的"添加图片"，插入相应的配图。

值得注意的是，每输入一步，都需要点击"保存"按钮，及时保存已经输入的内容和图片，以防止应用程序不稳定或手机原因导致已制作的内容丢失。

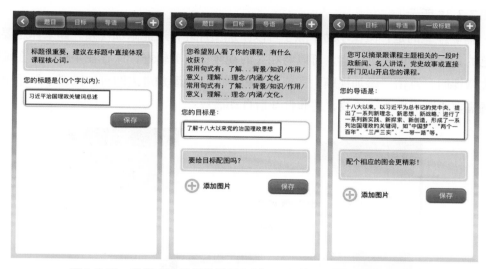

图 3-3-36　微课小助手操作说明示例：逐级输入题目、目标、导语

接下来是图文微课的正文部分，点击微课小助手上方的模块导航——"一级标题"，在标题框内输入第一级标题"政治层面"，以及在下面内容框中输入政治层面的文本内容，点击页面下方的"添加图片"，添加已经保存在手机中的配图，如图 3-3-37 所示。由于这门微课有多个一级标题并列，因此需要点击界面右上角的"+"，继续添加"一级标题"，同样在相应位置输入标题、文本内容，添加图片。

图 3-3-37　微课小助手操作说明示例：根据微课内容层级输入标题、内容、图片

如果图文微课中存在二级标题、三级标题,可以在输入完"一级标题"的标题、内容、图片后,点击页面下方"添加二级标题"的"+",输入二级标题及内容,添加图片,如图3-3-38所示。

需要注意的是:微课小助手除了可以添加图片外,还能添加视频。如果你想要让自己的图文微课内容更丰富,可以将相关的视频提前剪辑好,保存在手机中。在编辑图文微课时,点击"添加视频",找到手机中的视频添加进去即可。微课小助手中的视频需要学员点击才能播放,并非打开后自动播放。

图 3-3-38　微课小助手操作说明示例:根据微课内容层级输入二级标题和相应的内容

5. 预览发布

确认所有的微课脚本内容和图片都添加完毕无遗漏之后,输入图文微课的"关键词",保存后就可以点击"预览"查看整个图文微课的效果,如图3-3-39所示。

图 3-3-39　微课小助手操作说明示例:输入微课关键词,点击保存后预览图文微课整体效果

在预览的时候，需要检查每层级的标题、文字内容是否准确无误，图片搭配是否正确，无错乱或遗漏，如图 3-3-40 所示。如有错误，可以返回继续编辑修改。

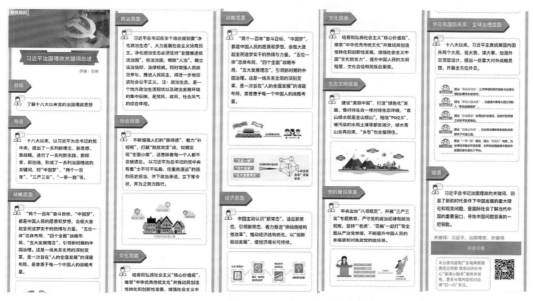

图 3-3-40　微课小助手操作说明示例：预览检查长图文微课有无错误

至此，图文微课《习近平治国理政关键词总述》就完成了，预览检查无误后，点击右上角"…"号按钮就能发布分享了，如图 3-3-41 所示。微课小助手的图文微课可以一键分享到微信或微信朋友圈，也可以生成二维码，将二维码分享给其他人，让别人扫描二维码观看你开发制作的图文微课，如图 3-3-42 和图 3-3-43 所示。

图 3-3-41　微课小助手操作说明示例：发布微课并分享

图 3-3-42　图文微课《习近平治国理政关键词总述》

除了以上教学内容，我们还另外
录制了微课小助手的教学视频，
大家可以扫码二维码观看并学习。

（二）创客贴

除微课小助手外，另有一款同样简单易上手的"图文微课神器"创客贴，相较于微课小助手，它的模板及素材资源更为丰富，可编辑性更高，而且它是通过电脑端在线编辑的，无需下载手机应用（APP）。

接下来，我们一起用创客贴制作一个简单的图文微课：《输电人的三大神技之二：输电人的"入地"——坑洞开挖作业安全教程》。

同样，在制作前我们要先登录这个网站：如图 3-3-43 所示，在浏览器中输入"创客贴"搜索进入该网站主页，使用前需要登录（使用 QQ、微信、微博账号均可登录，或输入手机号注册账号登录）。

图 3-3-43　登录创客贴网站

微课脚本和需要用到的图片等素材都准备好后，就正式进入设计制作阶段。

用创客贴设计制作一则图文微课只需要四步：

①选择模板；

②上传素材；

③设计排版；

④下载导出。

1. 选择模板

确定模板依然是第一步工作。创客贴提供了大量的模板供用户使用，只需要登录创客贴后将界面下拉找到工作文档中的信息图（通常制作长图文微课会用到），点击它就会出现许多模板供挑选。当然如果自己已准备了其他模板，点击创建空白画布直接开始即可。

例如我们这次要制作的长图文微课《输电人的三大神技之二：输电人的"入地"——坑洞开挖作业安全教程》是用来参赛的作品，已有参赛模板，就可以直接拿来使用，所以在创客贴中我们点击"创建空白画布"开始制作，如图 3-3-44 所示。

图 3-3-44　选择模板

2. 上传素材

先在上方的菜单栏中输入作品名称，然后上传准备好的素材（模板、配图等），如图 3-3-45 所示。

图 3-3-45　上传素材

3. 设计排版

所有材料都准备就绪之后，就要开始页面设计和排版了。设计排版阶段，我们需要做的是添加素材画布和调整素材。

首先，我们将准备好的模板添加到画布中，如图 3-3-46 所示。

图 3-3-46　添加模板

可以看到，模板似乎与画布大小不一致，这就需要我们来调整素材了。在创客贴中，无论是素材还是画布，都可以随时调整大小。

素材大小调整有两种方式，具体如图 3-3-47 所示。

图 3-3-47 调整素材大小

调整画布大小的方法如图 3-3-48 所示。

图 3-3-48 调整画布大小

经调整，我们的模板与画布已保持一致，如图 3-3-49 所示。

图 3-3-49 模板与画布大小一致

接下来开始输入脚本内容。首先是微课的标题和作者信息。

将准备好的标题栏设计添加到画布中，调整好大小和位置（调整方法与模板大小调整方法相同），如图 3-3-50 所示。

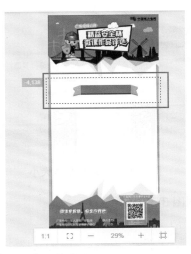

图 3-3-50　添加标题栏

标题栏调整好后，就可以输入文字信息了，如图 3-3-51 所示。创客贴内对不同部分的文字提供了不同的格式，例如我们首先要输入的是微课的标题，那么点击"添加标题文字"即可。

图 3-3-51　输入文字信息

输入标题和作者信息后，我们把正文的内容也按此方法依次输入画布，如图 3-3-52 所示。

图 3-3-52　输入正文内容

可以看到正文的图片上有设计对话框，可以在创客贴的内置素材里找到它，然后更改对话框的颜色，输入文字内容，并做适当调整即可。

如果想添加其他素材，例如图标、插画等，都可以在左侧的工具栏找到对应的内容选择添加，如图 3-3-53 所示。

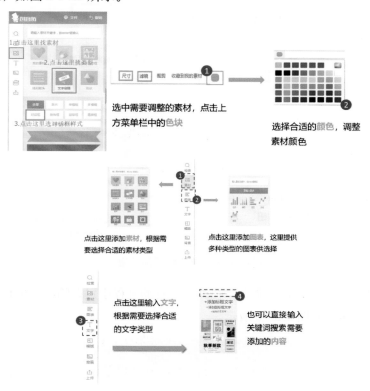

图 3-3-53　添加其他素材

余下的内容按照前面所述的方法依次添加、调整即可。当然在制作过程中可能还会遇到一些其他问题，例如：想显示的内容被挡住了怎么办？可以给素材加一些特殊效果吗？操作失误了能撤销吗？

其实，只要找到对应的按钮，这些问题都能解决。例如，更改图层顺序与不透明度，即可避免内容被挡，如图 3-3-54 所示。

图 3-3-54　更改图层顺序与不透明度

给素材添加效果的方法如图 3-3-55 所示。

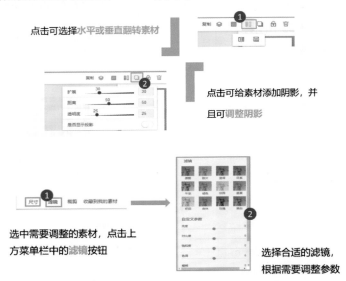

图 3-3-55　给素材添加效果

利用"撤销"和"重做"命令，在编辑素材的过程中可以随时对操作进行撤销或重做，以避免失误，如图 3-3-56 所示。

图 3-3-56　撤销和重做

4. 下载导出

最后，经过精心的设计排版，我们的长图文微课就制作完成了。那么，该如何导出拿来用呢？

同样的，只要找到对应的按钮就可以导出了。具体操作如图 3-3-57 所示。

图 3-3-57　下载导出

成果如图 3-3-58 所示。

图 3-3-58　长图微课成果制作示例

除了以上教学内容，我们还另外录制了软件工具的教学视频，大家可以扫码二维码观看并学习。

第三节　H5 微课设计

一、设计要点说明

（一）简化动画效果设计

首先在动画方向的设置上尽量保持统一，尤其注意在一个页面中对交互动画的方向设置不宜超过三个方向，同时尽量减少大幅度的动画，以免让人眼花缭乱。

（二）增加交互按钮提示

尽量在一些需要点击或滑动操作的地方增加类似"点击此处向后翻一页"的文字提示，尤其当页面中有拓展内容需要点击展开观看时。这会使得你的微课显得更加人性化，受众体验更佳，如图 3-3-59 所示。

（三）同步音画呈现

当你的 H5 微课配有音频解说时，那么在设置动画效果时尽量保持配音内容与其对应的画面内容同步呈现，避免出现一次性呈现所有画面内容，而与录音内容脱离的情况。这在一定程度上活跃了微课气氛，避免枯燥单一的知识传递，使学习者在学习该微课时也能够及时跟上内容进度。

二、H5 微课开发技术规范

在制作 H5 微课时，除了要注意以上三点外，在形式规格上也有一定的规范标准，如图 3-3-60 所示。

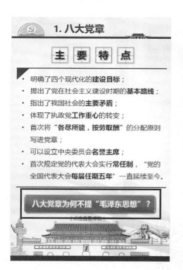

图 3-3-59　增加交互按钮提示

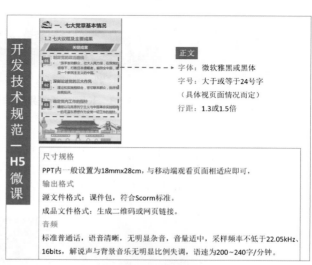

图 3-3-60　H5 微课开发技术规范

三、常见工具优缺点对比

常见 H5 工具的特点、功能对比见表 3-3-3。

表 3-3-3　常见 H5 工具对比

功能	炫课	易企秀	兔展	来做课
LOGO	🖐️	∞	🐰兔展 RabbitPre	📱知鸟
操作难度	☆☆☆	☆☆	☆☆	☆☆☆
修改加载LOGO和尾页版权	免费（注册申请设计师）	付费	付费	付费
内置模板	分免费和收费两种，免费模板有限	分免费和付费，都很丰富	分免费和付费，都很丰富	分免费和付费，都很丰富
内置素材	分免费和收费两种，免费素材有限	分免费和付费，都很丰富	分免费和付费，都很丰富	分免费和付费，都很丰富
文字编辑	✓	✓	✓	✓
画面编辑	✓	✓	✓	✓
素材上传	可像PPT导入文件一样导入图片或音、视频素材	可插入本地音频，图片，只能导入网页视频	支持批量上传图片，单次最大上传20张；有音乐素材库，并可以上传本地视频；只能导入网页视频	支持网页、本地上传及手机拍摄视频；支持批量上传图片，单次最大上传10张；支持本地上传音频、手机录音，文字转语音
交互功能	可通过设置鼠标点击、显示、隐藏等动作设置交互效果	显示及隐藏动作不完善	有扩展功能，如地图导航、留言、一键拨号等	拥有表单、动态人物场景
输出格式	可生成二维码及作品链接，企业VIP用户可导出Scorm离线包	可生成二维码及作品链接	可生成二维码及作品链接	可生成二维码及作品链接
下载/使用地址	http://www.xuanyes.com/	http://www.eqxiu.com/	http://www.rabbitpre.com/	http://www.zhi-niao.com/index.html

四、工具推荐及技术说明

根据工具的易上手程度以及与大部分人日常使用习惯的贴合度，这里推荐使用炫课制作 H5 微课。炫课专业版为 H5 微课设计工具，适合有课件设计基础和 PPT 制作基础的人使用。

现在，我们结合 H5 微课《中国共产党的建立》的制作来了解炫课电脑端的使用方法。

制作前，我们先打开炫页网将该软件下载并安装到电脑。注意，由于炫课软件采用的是客户端模式，使用微软的 Silverlight 插件，所以只支持 Windows 系统。

按照图 3-3-61 中提示完成下载和安装。

图 3-3-61　工具推荐：炫课专业版

另外，建议注册一个账号并申请认证设计师，因为只有认证设计师才可修改加载 LOGO 和尾页版权，并进行私密发布。

申请步骤如下：

（1）登录：http://www.xuanyes.com/，打开炫页网。

（2）申请认证设计师，如图 3-3-62 所示。

点击右上角用户名进入个人中心，
点击"申请认证设计师"根据提示填
写相关信息后审核通过即可。

（一般2～3个工作日审核完成）

图 3-3-62 申请认证设计师步骤

鉴于目前我们已经根据脚本内容在 PPT 内进行了排版设计，那么现在我们需要做的就是在炫课内加上动画效果和交互效果等一系列的效果设计，使其成为一个完整的 H5 微课。

接下来我们打开该软件，按照图 3-3-63 所示的步骤操作，完成课件的制作。

图 3-3-63 H5 课件的制作步骤

（一）PPT 导入

打开软件后，我们首先看到的是工作界面，如图 3-3-64 所示。

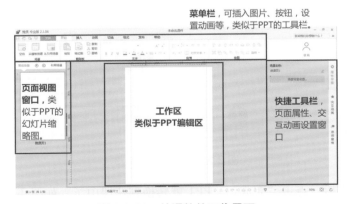

图 3-3-64 炫课软件工作界面

150

我们要做的第一步，就是将我们已经做好的 PPT 导入炫课，如图 3-3-65 和图 3-3-66 所示。

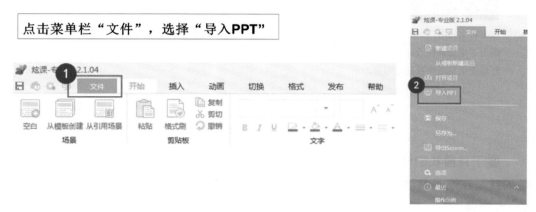

图 3-3-65　PPT 导入 -1

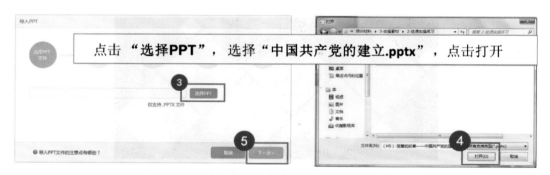

图 3-3-66　PPT 导入 -2

然后"选择模式"部分，为方便编辑内容，我们选择"模式 A"，再点击"本机转换"和"下一步"，如图 3-3-67 所示。

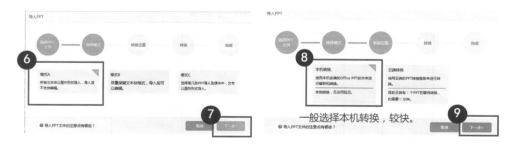

图 3-3-67　PPT 导入 -3

待转换完成后，点击"完成"，PPT 就转换到炫课中了，如图 3-3-68 所示。

图 3-3-68　PPT 导入 -4

（二）配音制作

在炫课中添加配音，有三种方式供选择。只需要点击菜单栏的"插入"→"音频"，然后根据需要选择音频插入方式即可，如图 3-3-69 所示。

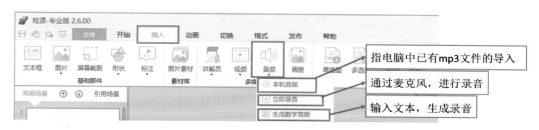

图 3-3-69　配音制作

例如此微课需要使用数字音频，就选择"生成数字音频"，然后将该页需要录音的文本输入文本框，选择与自己微课风格相符合的发音角色，通过试听确认，这里我们经试听后确定选用"慧慧"。最后点击"插入"，将生成的音频插入到页面中，如图 3-3-70 所示。

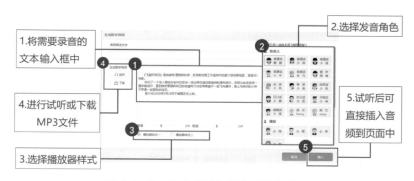

图 3-3-70　生成并插入配音的操作步骤

插入音频后默认为点击后才播放，而往往我们的 H5 微课中的音频需要自动播放，此时应进行一些设置，如图 3-3-71 所示。

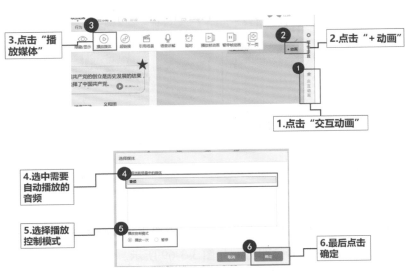

图 3-3-71　配音设置

（三）动画设置

按这种方式我们将每页的音频都插入并设置完成，接下来就是动画效果的设置。

首先选中我们需要设置动画效果的元素，然后在右侧快捷工具栏点击"交互动画"，根据需要选择动作和动画。也可以在动画菜单栏中设置动画效果，如图 3-3-72 所示。

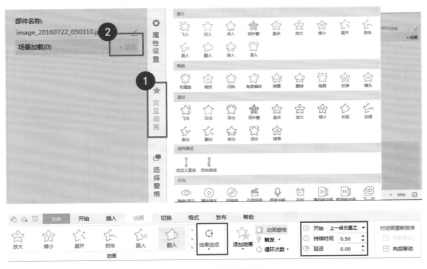

图 3-3-72　动画设置 -1

设置动画效果的过程中需要注意音画同步问题，一般将音频播放置于动画首位，设为"上一组动画之后"，将后面的动画都设为"与上一动画同时"，然后通过设置延迟时间（延迟时间根据音频时间而定）来控制动画效果与音频内容的对应，如图 3-3-73 所示。

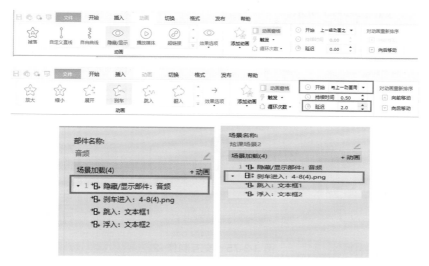

图 3-3-73 动画设置 -2

（四）交互制作

在制作动画效果时我们发现有的页面知识内容比较多，而这些内容非核心内容，那么可以将其作为拓展知识呈现。结合 H5 课件的特点，可以设置一个交互点击按钮，让学员主动选择是否继续学习该拓展知识。

设置方法如下：在左侧工具栏处点击"选择窗格"，查看拓展框和返回按钮的名称。记住名称后点击我们要设置查看拓展内容的按钮"详情"，然后添加动画，如图 3-3-74 所示。

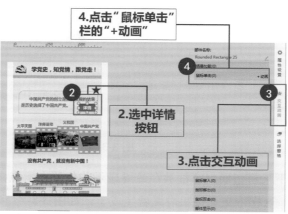

图 3-3-74 交互制作 -1

　　可以看到出现的菜单栏有"隐藏／显示"按钮，这就是设置交互按钮的关键。点击之后选中"需要显示部件"，然后在需要显示的部件框右侧点击"添加"，最后点击"确定"，如图 3-3-75 所示。

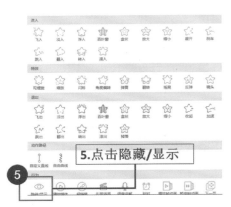
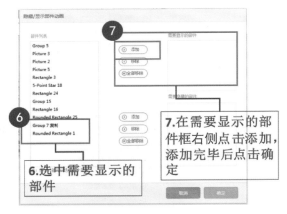

图 3-3-75　交互制作 -2

　　这样就可以实现点击出现拓展内容的操作。那么如何将出现的内容再次隐藏呢？原理同设置刚才设置显示拓展内容一样，只需要选择一个隐藏交互内容的按钮（这里选择 "返回"为该按钮），重复以上操作，同样选择"隐藏／显示"，不过本次选中需要隐藏的部件，并在需要隐藏的部件框右侧点击添加，添加完毕之后点击"确定"即可，如图 3-3-76 所示。

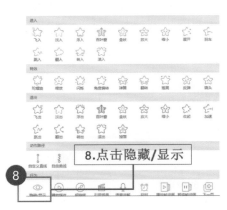

图 3-3-76　交互制作 -3

　　接下来将拓展内容框放在最终显示的位置上，点击选中窗格，将拓展框与返回按钮隐藏。这样，交互按钮设置就完成了，如图 3-3-77 所示。

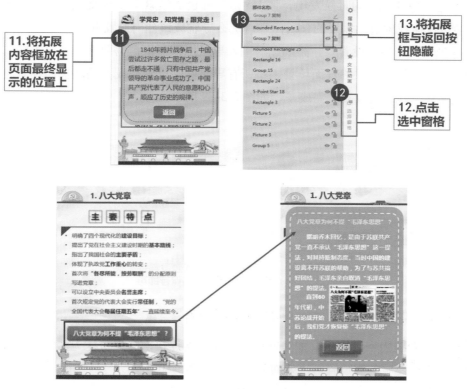

图 3-3-77　交互制作 -4

（五）选项设置

H5 微课发布前，需进行基本的选项设置，以保证页面的规范性。

首先，选择"文件"→"选项"，弹出一些需要设置的内容，根据实际情况进行设置即可，如图 3-3-78 所示。

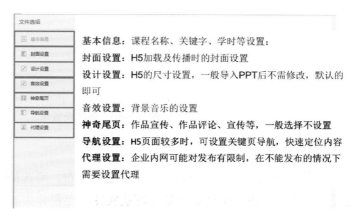

图 3-3-78　选项设置 -1

在进行选项设置的时候发现，该 H5 微课的页面较多，这时我们可以设置导航，以便学员快速找到自己需要的学习内容。那么导航应该如何设置呢？

首先选择"导航设置"，添加之后输入导航标题→根据需要选择需要关联的场景的导航标题→选中关联的页面场景。将所有导航标题设置完成并关联页面场景之后，点击"保存"，导航设置就完成了，如图 3-3-79 所示。

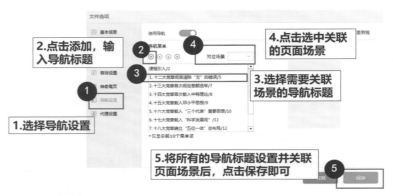

图 3-3-79　选项设置 -2

另外，企业内网环境下，如果通过代理服务器连接网络，可能无法发布作品，可以尝试通过代理服务器设置解决发布问题，如图 3-3-80 所示。

注：图示中的代理服务器设置数据仅代表示例，需要按照自己单位的代理服务器的置数据进行填写

图 3-3-80　选项设置 -3

（六）发布

设置好动画、交互、导航等，即可进行发布。可选择共享发布或私密发布（注册账号才可发布课程，认证设计师才可私密发布课程并去除广告 LOGO），发布后自动生成二维码和链接，如图 3-3-81 所示。

> **注意**
>
> 共享发布指的是任何人都可以看到你的作品，你分享的链接、二维码是一个公开的数据。
>
> 如果不想公开，可选择私密发布，一般私密发布的作品要嵌入到自己企业的LMS（在线学习平台）中来供员工学习之用。

图 3-3-81　发布选项

第四节　动画微课设计

一、设计要点说明

（一）合理安排动态元素

为保证画面观感良好以及知识重点传达的有效性，建议在设计动画效果时，一个画面中的动态元素不宜过多，否则易造成学员视觉疲劳。大面积的动态元素不宜超过 4 个，小面积的动态元素不宜超过 8 个。

建议 1：只将重点内容设置动画效果。

建议 2：只在画面中心区域为元素设计动画效果，四周元素为静态呈现。

建议 3：动画背景要么为静态，若为动态则动画效果不宜过多，设计小幅度的动画效果即可，否则容易干扰重点内容的呈现。

（二）自然过渡前后场景

在场景的衔接上，最好设计一些过渡效果。同时在设计场景时，除非脚本要求，否则建议一个动画或一系列动画的所有场景风格保持一致，使动画场景的过渡看起来更加自然。

（三）丰富设计人物动作

动画中有人物角色的出现时，建议根据该人物需求设定设计一套动作，而不要只是两三个动作重复，这样看起来会很枯燥，不利于学员对该门微课的学习。

建议至少有 5 个动作，包括嘴巴的张合、表情的变换及四肢的动作。尽量让你的人物"活"起来，微课就也会相应"活"起来。

二、动画微课开发技术规范

制作动画微课前你还需要了解一下开发技术规范，如图 3-3-82 所示。

图 3-3-82　动画微课开发技术规范

三、常见工具优缺点对比

下面介绍两种常见工具软件的优缺点，见表 3-3-4。

表 3-3-4　常见动画制作工具优缺点对比

功能	万彩动画大师	PPT转动画
LOGO	AM	P
操作难度	☆☆☆☆	☆☆
设计自由度	☆☆☆☆	☆☆
内置模板	免费，模板较丰富，部分需付费	无
内置素材	素材丰富，包括场景、动画角色、SWF、气泡等多种元素	使用PPT内置素材，或借助插件
动画类型	2D	2D
画面编辑	自由编辑	利用PPT自带的动画效果设置或可借助插件进行
素材上传	可批量导入图片、音、视频文件	可批量导入图片、音、视频文件
输出格式	支持MP4、MOV、WMV、AVI、FLV、MKV多种格式导出，还可生成透明通道视频 注：非会员导出的视频清晰度低	MP4
下载/使用地址	http://www.animiz.cn/	https://products.office.com/zh-cn/powerpoint

四、工具推荐及技术说明

根据动画效果的丰富性及操作简便度，推荐使用万彩动画大师来制作动画微课。接下来一起来看看如何使用万彩动画大师做出动画微课，如图 3-3-83 所示。

制作前要先在电脑上下载安装该软件：打开任意浏览器输入"万彩动画大师"搜索进入其主页，或直接输入网址 http://www.animiz.cn/ 进入，点击"立即下载"后根据提示下载安装即可。

图 3-3-83　工具推荐：万彩动画大师

使用万彩动画大师制作动画微课的一般步骤如下。

（1）新建项目及场景。

（2）添加场景内容。

（3）设置场景效果。

（4）预览发布。

（一）新建项目及场景

1. 新建空白项目

打开软件之后点击"新建空白项目"开始制作动画，如图 3-3-84 所示。

图 3-3-84　新建空白项目

2. 新建场景

接下来为动画添加一个合适的场景，这个场景可以是自行准备的，也可以在软件中选择，如图 3-3-85 所示。

这里的"场景"类似于 PPT 中的"页"，在"场景"中可以添加文字、图片等各种素材，并且能够设置各种动画效果等。当若干个"场景页面"组合在一起，就构成了一个完整的动画视频。

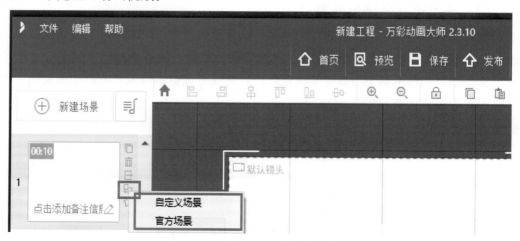

图 3-3-85　新建场景

如果使用已准备的场景就点击"自定义"，根据提示导入即可，如图 3-3-86 所示。

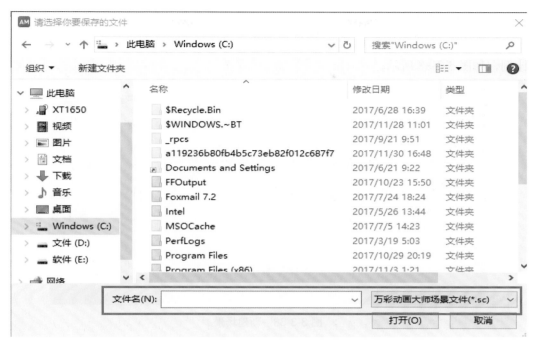

图 3-3-86　导入场景

如果想使用软件中的场景，就点击"官方场景"进行挑选，万彩动画大师中提供了多种类型与风格的场景，选取场景时注意与微课脚本内容的风格相吻合，如图 3-3-87 所示。

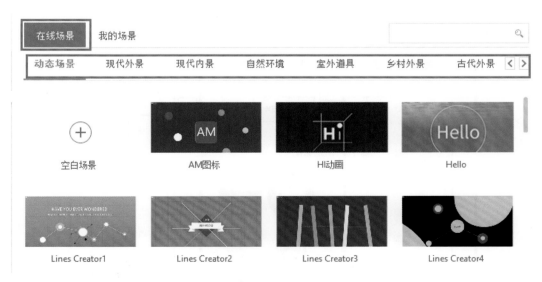

图 3-3-87　选择场景

需要说明的是，这里的场景画面比例默认为 16:9。如需调整，可在选取该场景后点击画面旁的"画面比例设置"按钮进行调整。当然如无特殊要求，一般采用 16:9 的比例，如图 3-3-88 所示。

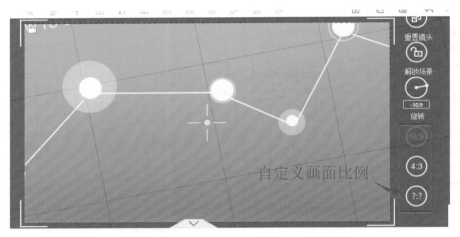

图 3-3-88　新建场景

另外，万彩动画大师免费版最多可设置 5 个场景页面。

（二）添加场景内容

场景选定后，就开始往场景中添加内容。

与 PPT 类似，可以添加文字、图片、各种形状、音视频素材等常见内容类型。在万彩动画大师中，我们可以在窗口右侧的元素工具栏找到对应的内容进行添加，如图 3-3-89 所示。

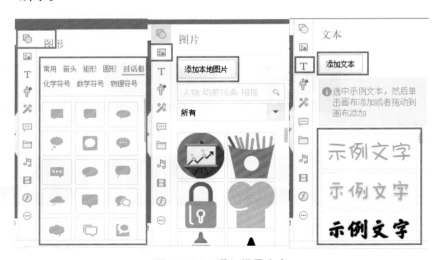

图 3-3-89　添加场景内容

除此之外，如果想为微课添加动画角色但又苦于自己不会制作，同样也可以在右侧的工具栏中挑选一个合适的动画人物添加到动画场景中。

例如我们需要一个微笑说话的女性动画角色，可以这样在右侧元素工具栏中进行选择，如图 3-3-90 所示。

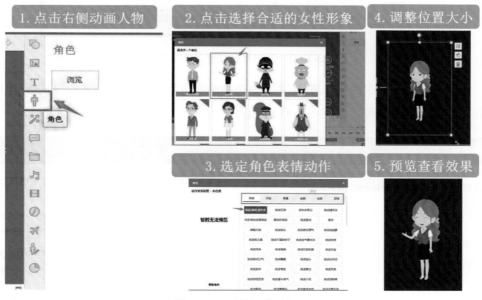

图 3-3-90　添加动画角色

既然有了人物，那么也需要相应的人物声音，可以在右侧的工具栏中找到"音乐"按钮进行添加，如图 3-3-91 所示。

图 3-3-91　添加音乐

这里提供了多种音效供选择，也可以通过"添加本地音乐"将自己准备好的配音添加进去。也可以在窗口的下方点击"录音"开始现场录音或点击"语音合成"使用数字音频，如图3-3-92所示。

图3-3-92 添加录音或使用数字音频

点击"语音合成"→输入配音文字→选择配音人物→调整音量音速→试听确认，最后点击"应用"即可，如图3-3-93所示。

图3-3-93 添加场景内容

最后，建议给动画加上字幕，以方便学员对内容的理解。

只需要点击窗口下方的"字幕"按钮，下面的时间轴上就会出现对应的字幕层，然后点击"+"按钮，弹出字幕编辑框，输入文字后，点击保存按钮，字幕就制作完成了。同时，时间轴上会自动生成一个字幕条。如需修改，双击对应字幕条即可，如图3-3-94所示。

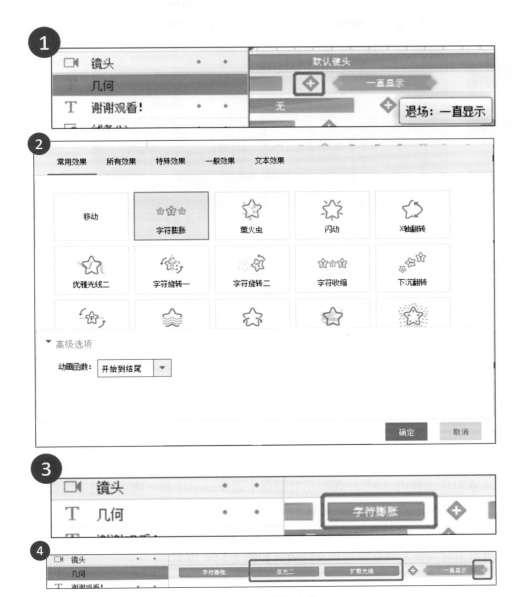

图 3-3-94　添加字幕

（三）设计场景效果

将所有需要的元素都添加进相应的场景后，接下来就需要设置场景效果。

1. 场景内各元素的动画效果

所有场景内的元素都会出现在对应的时间轴通道，而所有元素动画效果的设计都是通过时间轴通道来完成的，包括出入场时间、动画以及强调效果等，如图 3-3-95 所示。

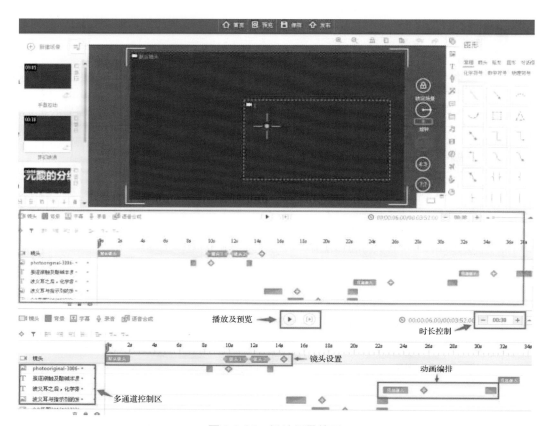

图 3-3-95　设计场景效果

例如，我们要给一个几何图形设置酷炫的连串特效，那么可以按以下步骤操作：点击元素对应通道内"+"→在弹出对话框中选择动画特效→确认后通道内即出现蓝色进度条，此时再点击"+"，重复上述步骤，就可以制作出酷炫的连串特效。

每一项特效的持续时长都可以通过拉伸进度条两端的黄色菱形来调整，全部完成后，可点击时间轴左侧播放键预览特效，如图 3-3-96 所示。

图 3-3-96　设计场景效果

如果需要修改效果，可在时间轴上选择需要修改的项目，右击后选择"修改效果"即可选择修改，如图 3-3-97 所示。

图 3-3-97　修改效果

场景内元素的设计方法与上述一致，只需根据需要挑选合适的动画特效即可，同时注意合理安排每个元素的出入场时间。

2. 设置镜头效果

通常，我们看到的动画中的人物场景推拉旋转等都属于镜头效果。

如图 3-3-98 所示，点击窗口下方的镜头按钮，时间轴上会自动生成默认镜头，即不带任何效果的正常视角镜头。同时，画面上会出现默认镜头的标志。

如需调整镜头，点击画面上的镜头标志，即可对镜头进行旋转、缩放，镜头效果就会随之改变。

另外，还可通过点击时间轴上镜头通道的"+"按钮，或鼠标右键点击时间轴上的镜头通道，选择"添加镜头"，为动画添加镜头。

需要注意，万彩动画大师的免费版只允许每个场景设置最多六个镜头。

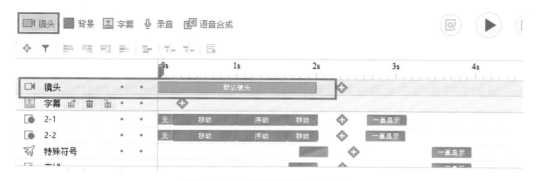

图 3-3-98　设置镜头效果（一）

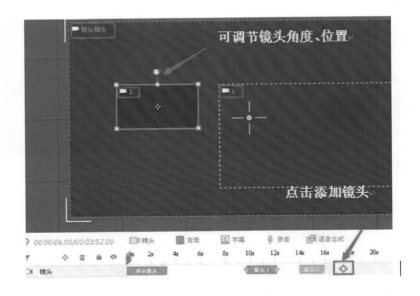

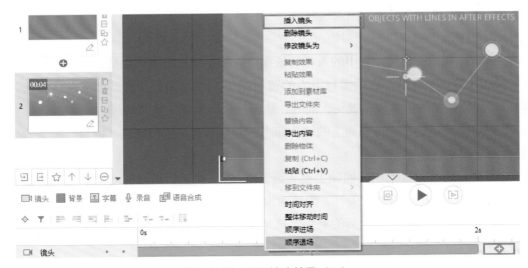

图 3-3-98　设置镜头效果（二）

3. 调整各场景间的转换效果

正如 PPT 中可在页面之间设置"切换效果"一样，万彩动画大师也可以在多个场景页面之间设置"过渡动画效果"，其目的是使不同场景之间的切换更加自然、协调、生动。

设置方法如下：点击场景页面下方的"+"→选择合适的过渡动画，并可对其进行"高级选项"的设置，如调整转场持续时间、进入方向等→点击"确定"后，该场景页面下方就会出现过渡动画名称，如图 3-3-99 所示。

| (a) | (b) | (c) |

图 3-3-99　设计场景转换效果

（四）预览发布

编辑完成后，点击编辑页面上方的"保存"按钮即可生成扩展名为".am"的万彩工程文件。点击"预览"图标，预览整个动画，确认无误后，单击 "发布"图标，即可输出视频，在对应菜单中还可设置视频大小、格式、帧速等参数，非常方便，如图 3-3-100 所示。

图 3-3-100　预览发布

第五节　视频微课设计

一、设计要点说明

（一）保持镜头稳定，切换自然

视频拍摄时最好借助三脚架等器材固定镜头，避免画面抖动，影响观看体验。

同时在用推拉摇移等方式切换镜头时，注意移动的幅度和频率，匀速移动镜头，移动过大过快同样会造成观看体验不佳。

（二）注意噪声处理，录音清晰

拍摄视频时，注意周围环境，如非必要，尽量避免在嘈杂环境拍摄，选取相对封闭、安静的环境进行，并做好现场收音。必要情况下可选择后期配音，保证录音清晰，同时在后期处理时也要注意，若有背景音乐应控制好音量，不要高于录音音量，从而保证信息的有效传达。

（三）把握画面构图，背景干净

一个好的构图能为视频的画面增色不少。合理而巧妙的构图，也能在一定程度上使画面主题的表达事半功倍。另外，在拍摄视频时，出于画面美感考虑，应避免选取杂乱的背景，否则会影响主体物的呈现，也影响观看体验。

因此，在画面构图上，最好多参考其他同类型优秀视频的构图方式，常见的有一点式构图、三点式构图、中心构图等构图方法，最基本的构图方式就是中心构图法，即将需要拍摄的主体置于画面中央；而在背景选择上，最简单的方法就是选择纯色背景，或自然背景，如遇不能避免要拍到杂乱背景的情况，可适当做背景模糊处理。

二、视频微课开发技术规范

制作视频微课前，还需要了解一下开发技术规范，如图 3-3-101 所示。

图 3-3-101　视频微课开发技术规范

三、常见工具优缺点对比

常见视频微课制作工具的对比见表 3-3-5。

表 3-3-5 常见视频微课工具优缺点对比

功能	Camtasia Studio	掌上学院——微课工具
LOGO		
操作难度	☆☆☆	☆
设计自由度	☆	☆
内置模板	无	无
内置素材	无	4个封面图供选择
文字编辑	可设置颜色、字号、对齐等基本操作	无
画面编辑	可自由剪辑视频，简单处理音频，添加画面标注、光标效果等	拍摄前可选择时长，拍摄时可切换前后置摄像头拍摄，前置可设美颜，完成后不能编辑
素材上传	可批量导入视频文件	可逐个上传图片
输出格式	MP4视频格式	生成二维码分享
下载/使用地址	https://www.techsmith.com/video-editor.html	掌上学院APP内点击微课工具即可开始制作

四、工具推荐及技术说明

（一）工具推荐：掌上学院——微课工具

一般专业人士使用 Adobe After Effects、Adobe Premiere 等专业软件制作视频微课。但是对于没有专业软件技术基础的电网企业员工，这里强烈推荐使用掌上学院 APP 中的微课工具，它能够让你在最短的时间以最简单的方式完成一门微课。并且，除了视频微课，还能制作图片＋音频形式的微课。下面我们一起来看看如何用掌上学院制作这两种类型的微课吧。

要使用此工具需要关注微信公众号"广东电网网络教育"，然后点击"微服务"，如图 3-3-102 所示，在弹出窗中选择"掌上学院 APP"进入下载（目前只支持安卓手机）。

图 3-3-102　下载"掌上学院 APP"

软件下载安装好后，需要输入账号密码登录，如图 3-3-103 所示。

登录账号：姓名拼音 @ 单位简称 .gd.csg.cn（例如：xiaoming@pxzx.gd.csg.cn）

密码：Zsxy+ 身份证后四位（如果身份证最后一位是字母，需要大写）

图 3-3-103　输入账号密码登录

登录后点击"账户"中的"微课工具"，就进入到微课作品页面，这里可以看到我们制作的微课作品，也可以在这里开始创建微课，如图 3-3-104 所示。

图 3-3-104　微课作品页面

接下来我们开始创作我们的微课。

1. 视频微课

制作一门视频微课，一共需要 4 步：创建微课、编辑作品信息、录制视频、保存。

（1）创建微课。在微课作品页面右上角点击"+"，选择类型为"视频"，创建视频类型微课，如图 3-3-105 所示。

图 3-3-105　选择创建视频类型微课

（2）编辑作品信息。选择类型后，进入微课信息编辑页面，此时只需根据页面提示，输入微课标题、关键词，选择专业类别及封面即可，如图 3-3-106 所示。需要注意的是，关键词字数不要超过 4 个。

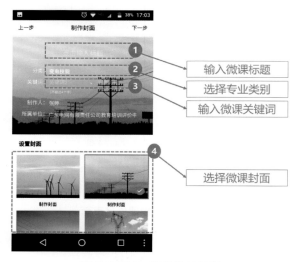

图 3-3-106 编辑作品信息

（3）录制视频。信息编辑完成后，点击右上角"下一步"进入视频录制页面，录制前可根据需要对视频的时长、段数进行设置，同时可切换前后置摄像头，选择是否开启美颜功能，如图 3-3-107 所示。

设置完成后，长按中间红色按钮然后松开开始录制视频。

图 3-3-107 录制视频

录制完毕，如对刚才录制的视频不满意可点击"删除"按钮重录，完成后点击"录制完成"按钮输出课件，如图 3-3-108 所示。

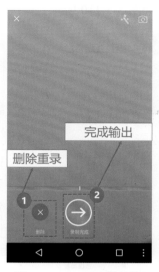

图 3-3-108 重录或输出

（4）分享与保存。录制完成后，进入分享页面，此时可以预览课件，根据需要在屏幕下方选择合适的方式将课件分享。最后点击底部"完成"按钮，该课件即完成制作并显示在微课作品页面，可随时对它进行删除、编辑或使用二维码观看等操作，如图 3-3-109 所示。

图 3-3-109 分享与保存

2. 图片+音频微课

制作一门图片+音频形式的微课，一共需要 6 步：创建微课、编辑作品信息、添加图片、分享与保存、添加音乐与文字、录制音频。

（1）创建微课。在微课作品页面右上角点击"+"，选择类型为"图片＋音频"，创建图片＋音频类型的微课，如图 3-3-110 所示。

图 3-3-110　选择创建"图片＋视频"类型微课

（2）编辑作品信息。选择类型后，进入微课信息编辑页面，此时只需根据页面提示，输入微课标题、关键词，选择专业类别及封面即可，如图 3-3-111 所示。需要注意的是，关键词字数不要超过 4 个。

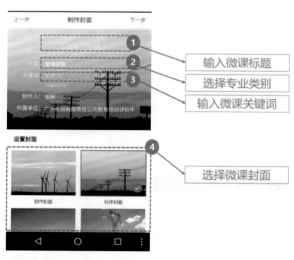

图 3-3-111　编辑作品信息

（3）添加图片。信息编辑完成后，点击右上角"下一步"进入下一个操作，将准备好的配图添加到微课中，如图 3-3-112 所示。

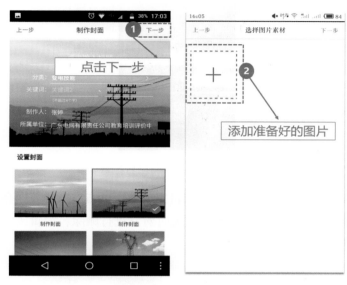

图 3-3-112　添加图片

（4）录制音频。图片添加完毕后，继续点击右上角的"下一步"进入下一操作页面，可进行音频录制，如图 3-3-113 所示。

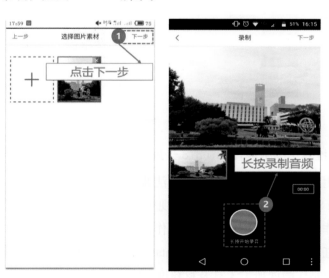

图 3-3-113　录制音频

（5）添加音乐及文字。录制完成后，可试听音频，如发现有问题，可点击"删除"按钮后重录。确认无误后点击"下一步"，添加背景音乐及文字素材，如图 3-3-114 所示。

图 3-3-114　添加音乐及文字

（6）分享与保存。所有内容添加、编辑完成后，点击右上角"保存"按钮，该课件即完成制作并记录在微课作品页面，可随时对它进行删除、编辑或使用二维码分享等操作，如图 3-3-115 所示。

图 3-3-115　分享与保存

（二）工具推荐：Camtasia Studio 录屏软件

了解完利用掌上学院制作微课的方法步骤，接下来我们再看看使用另一个工具——Camtasia Studio 是如何制作和编辑视频微课的。

同样在制作前我们要做好以下准备工作：

（1）使用任意浏览器搜索并安装 Camtasia Studio 软件。

（2）将本次制作微课所需工具及材料准备好，如麦克风、讲解稿、讲解 PPT 等。

（3）检查好麦克风、摄像头、电脑等设备正常。

一切准备就绪，使用 Camtasia Studio 根据如下步骤即可完成一门视频微课的制作，如图 3-3-116 所示。

图 3-3-116 Camtasia Studio 操作步骤

1. 软件设置

打开 Camtasia Studio 软件，如图 3-3-117 所示。录制前，我们先进行一些基本的软件设置。

图 3-3-117 打开软件

例如：

（1）设置屏幕录制的区域。一般选择全屏录制即可，但若只想录制屏幕部分区域，则可选择自定义尺寸，对录制范围进行精确设定，如图 3-3-118 所示。

图 3-3-118 设置屏幕录制的区域

（2）摄像头设置。如果想让学员看到讲解者的画面，点击摄像头开关就能开启讲解者镜头。

（3）音频设置。另外，如果课件中已准备配音或配乐，或者想给课件配上自己讲解的声音，都可以通过点击"音频"右侧三角形按钮进行选择，利用旁边的音量条滑块可调节音量，如图 3-3-119 所示。

注意：如选择录制系统声音，请打开电脑声音，并把有声音播放功能的其他程序关闭。

（4）开始/结束快捷键设置。最后，点击"rec"按钮或按 F9 键开始屏幕录制，按 F10 键结束录制。

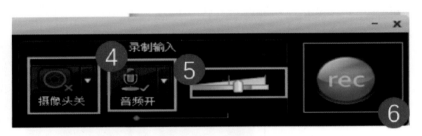

图 3-3-119　音频设置

2. 效果设计

在录制视频的时候，从微课效果考虑，我们也可以进行一些设计，例如：

（1）设置注释。即为视频添加系统戳记和微课标题，使学员观看时随时都能看到微课标题，知道该视频的当前时间和时长，如图 3-3-120 所示。

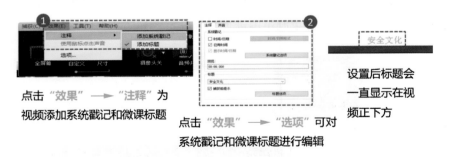

图 3-3-120　设置注释

（2）屏幕绘制。在讲解过程中可以随时按 Ctrl+Shift+D 组合键开启屏幕绘制功能，就可以像在黑板上写字画画一样在屏幕上添加标记，大大活跃视频微课的氛围，如图 3-3-121 所示。

录制过程中随时按
Ctrl+Shift+D组合键进行**屏幕绘制**

绘制的**形状及颜色**
等都可以自己设置

图 3-3-121　屏幕绘制

3. 视频编辑

视频录制完成后，按 F10 键结束录制，会自动弹出保存界面，点击"保存"按钮，选择保存路径，输入名称，点击"确定"就可以保存我们刚才录制的视频。但这时默认保存的格式是 trec，只有使用 Camtasia Studio 软件才能打开它，如图 3-3-122 所示。

视频录制完成后按**F10键结束**
录制，会自动弹出如下界面

填写完毕点击保存后会进入视频编辑界面

点击"保存"并
填写文件名

图 3-3-122　保存视频

找到刚才保存的视频文件，打开即可进入 Camtasia Studio 视频编辑界面，在这里，我们可以对视频进行再加工。

（1）素材导入与剪辑。如果想在视频中再加入一些素材，点击"clip bin"，在空白处右击，点击导入媒体，就可以再加入一些视频、图片、音频等素材。

素材拖入轨道后，选中带有音频的素材，点击 Audio 按钮，根据需要进行音量增大、噪声去除、启用音量调节等设置，如图 3-3-123 所示。

选择"导入媒体"，导入准备好的图片、音频或视频等资料

导入后可在此处进行查看

将媒体拖入轨道即可添加在视频中

- 素材拖入轨道后，选中带有音频的素材，点击Audio按钮，可选择音量增大、噪声去除、启用音量调节

图 3-3-123　素材导入与剪辑

如果视频中有多余部分需要删去，可以在时间轴中将时间线移至需要截去的起点，点击分割按钮，再将时间线移至需要截去的结束点，再点击分割按钮，即可删去截取的那一段，如图 3-3-124 所示。

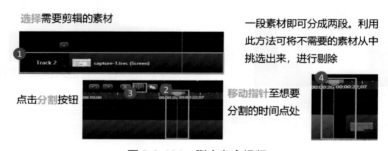

图 3-3-124　删去多余视频

最后将时间线绿色移动至起点，红色移动至结点，点击"剪切"按钮，两段视频自动接合为一段视频，如图 3-3-125 所示。

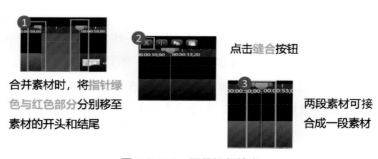

图 3-3-125　两段视频接合

另外，在剪辑视频时，还可通过放缩时间轴、恢复撤销等操作使视频剪辑更准确，如图 3-3-126 所示。

放缩时间轴：剪视频的时候可以通过调节此处将时间轴进行放缩操作，使剪辑更细致

恢复撤销：编辑视频时如果不小心操作出错可点击此处恢复或撤销操作

图 3-3-126　放缩时间轴和恢复撤销操作

对于视频中需要重复使用的素材，也可以用复制、粘贴的方式进行选择使用，如图 3-3-127 所示。

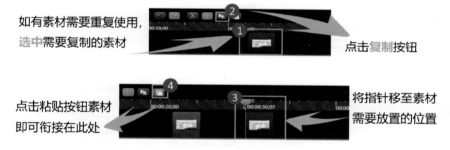

如有素材需要重复使用，选中需要复制的素材

点击复制按钮

点击粘贴按钮素材即可衔接在此处

将指针移至素材需要放置的位置

图 3-3-127　复制与粘贴素材

（2）保存的格式、路径。编辑好视频后就可以点击生成视频，在弹出框中选择"自定义生成设置"，然后下一步，取消勾选"使用控制器"，选择"视频尺寸"，并在视频设置中的"编码模式"处选择"质量"，然后根据需求调整视频质量（一般为50%），最后选择 MP4 格式输出，一个精彩的视频微课就这样生成了，如图 3-3-128 所示。

视频编辑完成后点击"生成和共享"或点击"文件"——"生成和共享"

点击下一步，选择视频格式为MP4

点击后自动弹出生成向导界面，选择"自定义生成设置"

取消勾选使用控制器

点击尺寸

选择默认或自定义视频尺寸，一般为1280x720PX

编码模式选择质量

点击视频设置

大小控制在50%左右，过大会延长渲染时间而质量并不会提高

输入视频名称

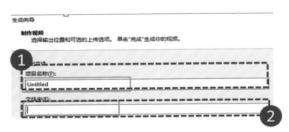

选择保存路径，完成视频创作

图 3-3-128　设置保存的格式、路径

除了以上教学内容，我们还另外录制了软件工具的教学视频，大家可以扫码二维码观看并学习。

第四篇 应用篇：
一解就悟，析微课

从理论知识到方法实践，学习并没有止步。微课开发是一项实践性很强的技能，即使我们提供了开发的表单模板，但开发者的想法是不受局限的。如果说"一千个读者有一千个哈姆雷特"，那么一千个微课开发者就有一千门不同思路的微课，当中不乏精彩作品。

因此，微课开发除了自主学习与探索外，还可以借鉴其他优秀的微课作品。通过对微课开发案例的深入学习，发现他人的微课亮点，反思自己在开发中遇到的难点，寻求新的突破。

电力企业内的微课常应用于行为改善与工作能力提升，相比于其他行业，技能类、安全生产类、专业技术类的微课内容更多，同时党建与党建教育工作也需要有力落实。因此，开发电力企业微课，以上4类主题的微课很值得学习与借鉴。

本篇将应用"点线面"的微课开发理论与方法，评析典型微课案例，发现亮点，提炼开发技巧，以达到开发技能的有效进阶。

> 三人行必有我师焉。学习典型的优秀微课案例开发，是微课开发技能提升的有效途径！

技能类微课

党建党廉类微课

安全文化类微课

专业技术类微课

第一章　技能类微课

第一节　技能类微课简介

技能类微课是电网企业最常见的微课类型，以介绍技能作业知识原理、作业实操步骤、操作要点为主，旨在指导学员规范掌握相关操作技能。

以广东电网技能专业为例，共分为输电、变电、配电、营销、调度、通信、信息、物流 8 个专业，各专业课件内容范围如图 4-1-1 所示。

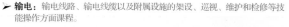

➤ **输电**：输电线路、输电线缆以及附属设施的架设、巡视、维护和检修等技能操作方面课程。

➤ **变电**：变电站、开关站、换流站、集控中心、巡维中心的运行、监控及维护；变电一二次相关设备检修等技能操作的班组岗位；电气试验、电测仪表试验和化学试验等技能操作方面课程。

➤ **配电**：配电站、配电线路、电缆及附属设施运行、维护和检修等技能操作方面课程。

➤ **营销**：客户服务、电费业务、用电检查、电能计量、负控远抄等技能操作方面课程。

➤ **调度**：调度运行值班、调度自动化系统维护检修等技能操作方面课程。

➤ **通信**：电力通信设备和线路运行、维护及检修等技能操作方面课程。

➤ **信息**：信息化项目实施推进、IT客户服务及桌面运维、信息系统的运行、维护等技能操作方面课程。

➤ **物流**：物资仓储配送等技能操作方面课程。

每个专业要求学习的课程都可以开发成为微课

图 4-1-1　技能专业内容开发

技能类微课的开发目标是提升技能人员的岗位胜任力，学习对象主要是电网企业八大技能专业岗位上的员工，也可供部分有需求的非技能专业的人员学习。开发者在开发这类微课时首先需要明确微课的学习人群，根据其特点衡量微课的开发深度及广度。技能类微课的开发特点是内容专业，要求明确，资料一般来源于公司操作指南、作业规范等制度性文件，也有部分内容需要从技能专家或资深员工的技能作业经验中萃取提炼。

根据内容特点，我们将电网企业的技能类微课分为知识类原理、实操演绎类、案例访谈类这三种基本类型。

● 知识原理类：该类技能微课偏重充实学员的知识层面，如工器具的操作原理、装置的应用原理知识、生产作业技能操作的概念、电力学基础知识，解释生产实操的原因与重要性等理论性知识，常规采用图文、H5、动画等形式讲解。

● 实操演绎类：该类技能微课偏重提升学员的作业技能，主要以视频微课的方式呈现，主要包括两种模式：一种是真人实地操作演绎，另一种是技能专家或内训师课堂讲授。前者通过实地拍摄，将作业详细操作高度还原，直观呈现，便于学员模仿学习，理解记忆，同时搭配动画、特写镜头等手段展现作业细节；后者通过录制授课场景，将老师在课堂讲授的知识原理以及操作模拟都详细地用镜头记录下来，以此保证内容的准确性与专业性。

● 案例访谈类：该类技能微课侧重分享案例经验，借助案例展现系列专业知识。以访谈的形式与权威专家展开对话，由专家分析案例的问题成因及解决措施，如提出实操注意要点、作业风险及防范措施。

开发这类专业性极强的技能类微课需要达到的基本要求见表 4-1-1。

表 4-1-1　技能类微课开发要求

资料内容准确	开发者在收集相关课件内容时，一定要确保内容的正确性，需符合电网企业相关规定文件，如安全工作规程等。避免错误传授，误导学员
操作演示规范	开发者如需向学员演示某个步骤操作，需规范操作达到标准，并确保操作步骤明确无误，以供学员学习模仿
语言表述规范	在技能实操类微课中涉及多种专业用词，如设备和零件等的专业名词、表示某项操作的名词等，当开发者需要从相关权威资料中引用这些内容时，不能擅自更改相关专业用语，规范地引用，使微课更加凸显专业性
突出关键步骤、易错点	技能实操类的微课需要突出关键步骤以及易错点，加深学员印象，避免学员再次陷入同样的问题点
多方审核把关	开发者在梳理课件内容时，不仅要求内容符合实际需要，还需要将所收集资料交与权威人员及机构进行审核，避免收集资料方向错误

第二节　典型案例剖析

一、案例简介

技能类微课是每一个电网企业员工都会涉及的，我们先来看看其中一门吧！

《10kV 电缆冷缩终端头制作》是一门典型的技能实操类课件，主要向学员讲解了电缆冷缩终端头的规范制作步骤，如图 4-1-2 所示。其课程信息见表 4-1-2，教学设计如图 4-1-3 所示。

图 4-1-2　技能类微课案例呈现—扫描二维码观看微课

大家扫描二维码可以观看完整的视频微课案例。

表 4-1-2　《10kV 电缆冷缩终端头制作》课程信息

学习对象	配电综合班班员、技术员、班长 （高级、中级、初级）配电运维班、急修班作业员
课件时长	16 分 36 秒
课件类型	视频微课
内容简介	介绍 10kV 电缆冷缩终端头制作的作业风险防范措施、作业步骤及操作要点，提醒学员易犯错误

微课题目	《10kV 电缆冷缩终端头制作》
学习对象	配电综合班班员、技术员、班长 （高级、中级、初级）配电运维班、急修班作业员
学习目标	知识目标：描述 10kV 电缆冷缩终端头制作的流程 技能目标：帮助技术人员了解和掌握 10kV 电缆冷缩终端头制作流程及规范
设计说明	讲解逻辑：采用"课程引入-课程内容-课程总结"总分总的逻辑展开讲解。 呈现形式：采用动画+PPT+现场视频三者结合的方式，并配套对应讲解。 其他说明： ● 课程通过事故案例引入，以配电运维人员演示规范化进行 10kV 电缆冷缩终端头制作为背景； ● 课程 PPT 讲解部分，考虑成人学习特征，尽可能使用图像进行演示； ● 视频演示部分，运用后期技术手段，局部放大或高亮以提示操作重点、工作细节等； ● 课程结尾作总结，重申内容要点，加强学习记忆。
内容要点	● 列举了课程依据的制度规范。 ● 列举了作业的四大风险点及预控措施。 ● 列举了工作前准备、工作过程、工作终结三个阶段的具体操作及注意事项。
参考资料	
Q/CSG 510001—2015《中国南方电网有限责任公司电力安全工作规程》 Q/CSG1 0012—2005《中国南方电网城市配电网技术导则》 GB 50168—2006《电气装置安装工程电缆线路施工及验收规范》	
课前/课后测试或练习	
因本课程为视频课程，故没有设置课程测试。	

微定点——需求与标题：

使电缆制作的相关技术人员了解和掌握 10kV 电缆冷缩终端头的制作流程及规范，从而降低 10kV 电缆冷缩终端头的故障率

微连线——大纲、内容、情景：

以典型事故案例引入，从反面来引出规范作业的重要性，通过清晰的操作流程，嵌套进每个步骤的风险及注意事项，直观明确讲解了课程内容。最后通过课程的总结，深化学员记忆

微成面——设计制作：动画呈现知识点，结合真人视频进行内容呈现，重点内容突出化

资料来源：来源可寻，资料正确

图 4-1-3　《10kV 电缆冷缩终端头制作》教学设计

二、案例复盘及开发提点

在案例复盘前，我们可以先总结一下该门微课有哪些地方值得我们学习借鉴，见表 4-1-3。

表 4-1-3　《10kV 电缆冷缩终端头制作》的特色与亮点

内容	针对性强：微课中明确细分学习对象； 准确科学：通过借鉴权威资料、多方审核等确保内容准确性； 实用性强：除了流程步骤讲解，还添加操作提示、风险提示等内容，以改善学员作业实操行为
形式	采用视频＋动画形式，开篇用"技能侠"配合动画介绍作业背景、作业人员，形式生动活泼，引人关注；知识讲解用现场实拍还原真实作业过程，讲解细致，流程完整，直观呈现，可学性强
画面	总体声画同步良好。动画部分情景化呈现，画面清新；视频部分拍摄画质高清，后期添加字幕、操作要点、风险点，画面标示明确清晰

基于以上特色与亮点，这门微课是如何从定题到完成制作的呢？下面我们就对该门微课的整个开发过程进行复盘，分别从定点、连线、成面三个方面展开，针对某些步骤的开发，复盘的同时，附上开发小技巧，为我们今后技能类微课的开发提供启发与帮助。

（一）"微"定点

该技能微课针对性强，明确细分了学习对象。这一亮点源自开发者对学员学习需求有明确且深入的了解，经其充分挖掘、分析后，选题聚焦实用。

那么这门微课一开始是如何挖掘需求的呢？

需求来源一：岗位胜任能力要求。

制作电缆终端头是配电综合班班员、技术员、班长（高级、中级、初级）配电运维班、急修班作业员等技能岗位人员必须掌握的一项技能。尤其对于该岗位的新员工而言，可能只掌握了知识原理，对技能实操接触较少。面授课受时间、人员、场地的限制，全部学员课堂观看实操过程比较难实现。对于他们来说，要想具备这方面的能力，在线教学资源显得尤为重要。开发者开发这门微课，旨在让学员掌握如何规范制作电缆终端头。在微课中除了展现作业全过程外，还标明了注意事项，正好符合员工们提升岗位胜任能力的需求。

需求来源二：问题解决需要。

随着电网用电负荷的不断攀升，用电故障频繁发生。其中，在高负载下 10kV 电缆冷缩终端头的故障率呈走高趋势；电缆终端头是 10kV 电缆的重要部件，如果终端头制作工艺不良或不规范，将导致终端头对地放电，甚至被击穿。那么，为了减少这种故障，开发者决定从规范电缆头制作出发，从根本上解决用电负荷过高导致故障频出的问题，从这个需求点出发，这门微课以完整讲解 10kV 电缆冷缩终端头制作流程及规范为目标，内容较为完整，且通过作业流程引出作业规范，内容间关联性强，理论实操相结合，以技能实操演示辅助理论知识讲解。

挖掘需求的小技巧

电力企业学习需求一般来源于以下两个方面：一是企业认为员工必须掌握的知识与技能，通过岗位胜任能力与岗位评价进行明确；二是员工在日常作业中发现的问题、差异或值得改善的地方，进而产生学习提升的需求。

因技能人员长时间沉浸在作业实操中，比培训人员更清楚技能作业的症结所在。所以员工自主开发出来的技能类微课，更符合实际培训要求。在挖掘学习需求的时候，除了查看岗位胜任能力要求外，还可以从以下三方面入手。

（1）关注身边人，留意他们的问题点。

技能实操类微课是面向广大电网员工的，开发者要牢记"微课需从学员中来，到学员中去"，才能保证微课从本质上解决学员的痛点、难点问题。这就要求开发者加强对身边同事的关注，可以通过交流、观察等手段，留意并发现身边人的问题点，这就是我们开发微课的需求所在。

（2）制作"错题本"。

开发者可以将自己工作过程中常犯错误的操作记录在案，不只记录自己的，也可以一并记录本岗位员工所犯的操作错误。这些被记录的操作上出现的问题，开发者可视其发生频率决定是否开发针对性的微课。

（3）员工访谈。

对丰富经验的老员工进行访谈，了解员工在实际操作中经常遇到的问题，或实操流程中最关键的一环，从而大致判断出微课的具体需求，还能一并了解这些问题的解决办法，而这些方法都是经过大量实践检验过的，对学员而言更具学习和借鉴意义。

（二）"微"连线

在本门微课中，内容围绕"课前引入–内容讲解–课件回顾"的总分总形式编排讲解内容，内容实用、可复制性强，且结构清晰直观，使学员一看就明白。

开篇通过电网专业的"技能侠"形象，快速唤起学员的学习记忆，同时出现穿着配电运维班服装的人物形象，对各种专业名词及讲解，给学员奠定了一个良好的学习基础。此外，为确保内容准确科学，该微课在资料参考、审核上特别严谨，大纲搭建、内容整合、脚本撰写各阶段都体现了这一点。

1. 大纲搭建

该视频微课的知识类型为流程步骤，因此参考公司的电力安全工作规程、南方电网公司城市配电网技术导则、电气装置安装工程电缆线路施工及验收规范，结合本岗位专业技能经验，梳理出 10kV 电缆冷缩终端头制作的作业流程，如图 4-1-4 所示。

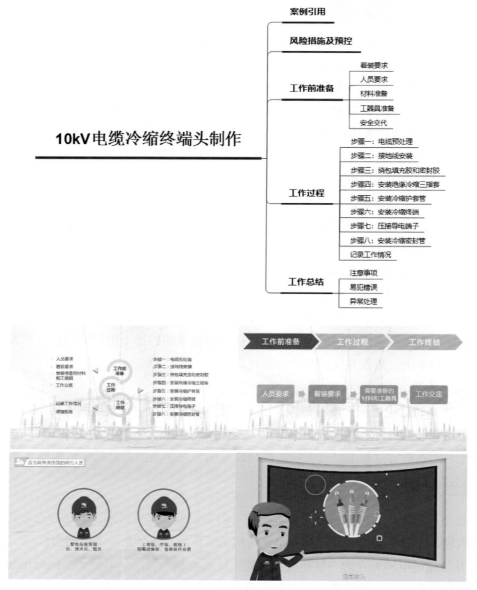

图 4-1-4 《10kV 电缆冷缩终端头制作》大纲示例

上述依据作业流程步骤搭建的流程分解法是大部分技能实操类微课首选的逻辑结构，这样的结构既能够在最大程度上保留作业指导书的流程规范，也能确保微课的准确性及规范性。

搭建大纲的小技巧

也许你不禁会问，难道技能实操类微课只能采用这样的结构吗？那岂不是太单调了？确实，技能实操类课件的内容范围广、学习对象多，是电网企业培训工作的重要部分。在充分尊重微课专业性的基础上，探索结构的多样性，有助于提升培训成效。

（1）故事嵌入型。

开发者可以设定一个大的故事背景，将微课知识点融入剧情故事。例如，微课大赛作品《试一试，不出事——绝缘棒的试验类型》便是以《西游记》中师徒四人的故事为创作原型，将沙悟净的扁担比作绝缘棒，以"扁担坏了"为故事开篇，进而引出绝缘棒的相关内容，向学员展示了绝缘试验棒的试验类型及其特点，如图4-1-5所示。

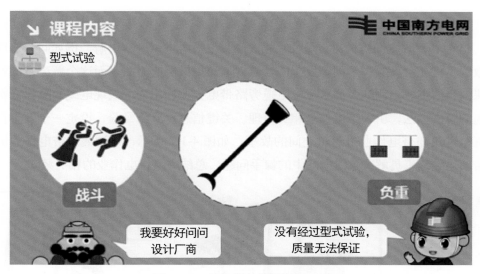

图 4-1-5　故事嵌入微课片段示例

（2）直接讲述型。

直接讲述型指的是微课讲解开门见山，直接进入主题，略去内容引入和背景铺垫。直接讲述知识点并不意味着该门课程枯燥单调，因为我们还可以从画面、配音、配乐等方面入手，丰富知识的呈现方式。例如在微课《巡视去无忧——N 种技巧教你避开巡视风险》中，开篇便直接点明巡视工作存在哪些风险，讲解简洁直接，画风清爽时尚，略带卡通风格的画面、活泼的配音、轻快的配乐都能快速吸引学员的注意力，画面不断的刺激让其注意力高度集中，使其专注于微课学习，如图 4-1-6 所示。

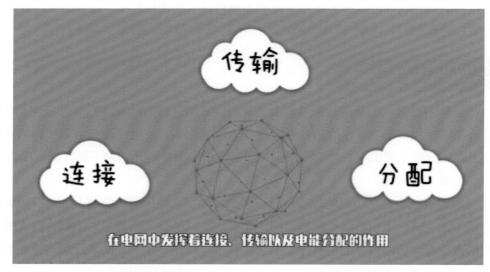

图 4-1-6　微课《巡视去无忧——N 种技巧教你避开巡视风险》片段

（3）场景导入型。

这种类型的微课结构通常是设定相关场景之后再进行内容讲解。例如问题处理类的微课，首先会设置一个问题发生的场景，进而提供解决方法，而这个解决方法就是微课内容的主体。例如《高压配电电缆旁路带电作业》，为了展现电缆故障检修常见问题的解决方法，引入带电作业相关原理、关键信息及介绍经验，设定一个发生在运维班组班员与带电作业班班员之间的故事，如图 4-1-7 所示，通过展示带电作业班班员帮助运维班班员解决电缆维修中的棘手问题，总结旁路带电作业的相关经验。

图 4-1-7　动画微课《高压配电电缆旁路带电作业》片段

2. 内容整合

内容整合指的是根据微课大纲搜集资料素材，形成一个微课内容稿，然后反向审核验证内容的正确性、必要性等。

内容整合的第一步是将相关资料收集到手并进行梳理。资料来源见表 4-1-4。几个方面入手：

表 4-1-4　技能类微课典型案例《10kV 电缆冷缩终端头制作》的资料来源

资料类型	内容
案例故事	个人、专家和优秀员工经验，公司案例库，事故报告，史实、新闻
政策制度	国家、行业、公司的相关政策
技术指标	国家标准，行业标准，技术文件，设备操作说明，作业流程规范
外部动态	国家政策环境、行业前言趋势、新兴业务、员工新需求
多媒体材料	相关数据、图表、图片、视频、实物等
同类课程	同主题课件的其他教学资源

微课《10kV 电缆冷缩终端头制作》属技能实操类微课，该类微课的资料来源很明确，一般包含三个部分：相关作业规范、相关技能案例、相关多媒体材料。依据微课大纲框架，将资料对应填入即可，如图 4-1-8 所示。此外，为了让培训内容更贴合工作实际，在具体流程及步骤讲解时可融入专家经验，添加具体操作的注意点及风险点。

（二）课程信息	
课程目标	通过本课程的学习，可以了解和掌握 10kV 电缆冷缩终端头制作流程及规范
应当具备该技能的岗位人员	配电综合班班员、技术员、班长 （高级、中级、初级）配电运维班、急修班作业员
本课程所依据的制度规范	Q/CSG 510001—2015《中国南方电网有限责任公司电力安全工作规程》 Q/CSG1 0012—2005《中国南方电网城市配电网技术导则》 GB 50168—2006《电气装置安装工程电缆线路施工及验收规范》

图 4-1-8　《10kV 电缆冷缩终端头制作》依据规范

通常，技能实操类的相关操作流程规范我们均可从电网的相关制度规范中找到材料支撑。对于电网制度规范中未提及的东西，不建议开发者擅自将未经考究的内容补充上去，应该对相关内容进行验证之后，方可将其作为微课内容。

怎样确定我们找的资料都是微课所需要的呢？

根据框架将收集的资料列成内容清单，便可以着手整合验证各项内容的必要性。在验证过程中，只要出现一步没有通过验证的，都需要重新开始收集和萃取知识内容，如图 4-1-9 所示。

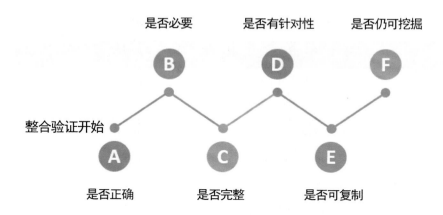

图 4-1-9 整合验证内容的流程

我们可以尝试对教学设计中涉及的所有微课内容进行验证，探讨其是否适用，见表 4-1-5。

表 4-1-5 《10kV 电缆冷缩终端头制作》内容验证结果

微课内容	来源	是否正确	是否必要	是否完整	是否有针对性	是否可复制	是否可挖掘
不规范案例	公司案例库、事故报告	√	√	√	√	√	×
风险预控	Q/CSG 510001—2015《中国南方电网有限责任公司电力安全工作规程》	√	√	√	√	√	×
工作前准备	Q/CSG 510001—2015《中国南方电网有限责任公司电力安全工作规程》、Q/CSG1 0012—2005《中国南方电网城市配电网技术导则》	√	√	√	√	√	×
工作过程	Q/CSG 510001—2015《中国南方电网有限责任公司电力安全工作规程》、GB50168—2006《电气装置安装工程电缆线路施工及验收规范》、Q/CSG1 0012—2005《中国南方电网城市配电网技术导则》	√	√	√	√	√	×
工作总结	Q/CSG 510001—2015《中国南方电网有限责任公司电力安全工作规程》	√	√	√	√	√	×

经过上述验证后，发现这部分的知识可以成为微课内容的一部分。开发者在开发

技能实操类微课时，需要对微课的每一部分内容都进行验证操作，确保每一项内容的准确性。

3. 内容审核

在技能微课内容开发中，对开发者自身的知识储备能力具有一定的要求，内容的专业性上面也需多方审核确认。那么对于内容审核，有哪些要求呢？

（1）开发者知识储备。对于选定的开发主题，开发者自身需要对相关层面的知识有完善的了解，并且知道从哪里可以获取正确的资料，例如本门微课中就要求开发者本身对电缆头制作具有一个比较熟悉的操作经历。一般来说，我们建议微课开发者开发自己本专业领域内的微课，或者本身对微课的主题有充分认识，这样才具备一个"微课老师"的资格。

（2）内容开发专家参与。内容开发专家指的是可以对内容的专业性及准确性提供指导的专家或相关文件。可以是电缆头制作的技能专家，也可是电缆头制作的规范文件，其主要作用在于监督开发者对内容准确性的把控，以保证技术技能微课的内容准确无误性。

此外，内容开发专家还可以是资深的授课老师或内训师，可能他们时间有限，没办法自己开发微课，但他们有丰富的授课经验，清楚学员的知识薄弱点在哪里，经常会犯什么错误。由他们来审核内容，可针对该门微课的内容重点、技巧提升方面提出不同的见解。

（3）交叉审核。内容开发完毕之后，开发者还可以邀请除去内容开发专家或内容开发顾问外的第三方进行内容交叉审核。这个第三方可以是其他专家，也可以是普通学员，让其评价该微课内容是否能看懂，从中能否学到知识、掌握技能。

4. 脚本撰写

技术技能实操类微课一般采取视频教学的方式呈现内容，以便更真实直观地展现内容。如图 4-1-10 所示，我们一起来看看《10kV 电缆冷缩终端头制作》的脚本是如何撰写的吧！

10kV 电缆冷缩终端头制作				
（一）课程引入				
课程简介			**画面要求**	
随着电网用电负荷的不断攀升，在高负载下 10kV 电缆冷缩终端头的故障率呈走高趋势；终端头是 10kV 电缆最重要的部件，因此，应严格按照南网技术规范及设备厂家安装说明书的要求制作 10kV 电缆冷缩终端头。 那么，大家是否清楚 10kV 电缆冷缩终端头制作流程及规范操作呢？			数据图表，图文可视化。	
案例（如有）			**画面**	
如果终端头制作工艺不良或不规范，将会导致终端头对地放电、甚至被击穿。			展示电缆终端头故障照片，配合文字说明。	
（二）课程信息				
课程目标	通过本课程的学习，可以了解和掌握 10kV 电缆冷缩终端头制作流程及规范			
应具备该技能的岗位人员	配电综合班班员、技术员、班长 （高级、中级、初级）配电运维班、急修班作业员			
本课程所依据的制度规范	Q/CSG 510001—2015《中国南方电网有限责任公司电力安全工作规程》 Q/CSG1 0012—2005《中国南方电网城市配电网技术导则》 GB 50168—2006《电气装置安装工程电缆线路施工及验收规范》			
（三）内容讲解				
1. 工作前准备				
说明：该作业需要准备的人员数量、着装、安全用具和工器具，工作票、业务指导书等材料。				
作业步骤	**解说词**	**画面重点**	**场地（室内/室外）**	**拍摄要求**
工器具准备	电缆剥削器、毛巾、压接钳、温湿计、钢锯、平锉刀、线纱手套、电缆固定架、盒尺	相应工具图片	室外	工器具名称一一对应标记
安全交代（底）	监护人向操作人交代工作任务、工作过程中存在的风险点及防范措施等	工作任务风险点及防范措施	室外	
2. 工作过程				
作业步骤	**解说词**	**画面重点**	**需做标记的关键点**	**场地**	**拍摄要求**
步骤一：×××	将电缆固定在制作架上，用毛巾擦拭 1 米范围内外护套……，详情请参照设备厂家安装说明书	铜扎线 内护套 …… 砂纸	注意点：……	室外	
步骤二：接地线安装	把接地线末端插入三芯电缆分叉处……，使其接触良好	三芯电缆分叉处 恒力弹簧	注意点：接地线要卡紧，必须安装于已将防锈漆清洁干净的钢铠上，使其接触良好	室外	
步骤三：绕包填充胶和密封胶	首先在恒力弹簧上缠绕两层	恒力弹簧 PVC 胶带	数据出现位置文字标记 说明：依据：设备厂家安	室外	
……					
3. 总结回顾				
作业步骤	**操作要点**			
1. 工作前准备	准备好工器具，做好防护措施； 填写相关作业表单，现场交底。			
2. 工作过程	步骤：电缆预处理 关键点：1. 切除铜屏蔽时，先沿切断处顺绕紧方向用刀划一浅痕，慢慢将铜屏蔽撕下。 2. 钢铠、内护套、铜屏蔽、半导体层预留长度均符合要求。锯钢铠及剥切内护套时的深度要控制好，不能伤及下层。			
……				

图 4-1-10　《10kV 电缆冷缩终端头制作》内容脚本

课程引入：在技能实操类微课中，通常会采用视频结合动画的形式向学员展示课程内容。在脚本撰写中需要对课程引入部分做好设计，通常做法是采用背景说明或案例导入等作为课程引入

说明课程信息，便于学员对课程有个全局的把握理解

视频类脚本需要有解说词、画面内容、场地要求以及特殊拍摄要求等基本要素，其他需要特殊备注的内容开发者可视情况自行添加补充。方便作为拍摄以及后期剪辑参考

对于需要特殊标记或是需要引导观众注意的重要内容，在脚本中应独立列出并做出说明

脚本的内容来源需准确，在脚本解说词撰写时应尽量还原资料来源当中的表述，以确保微课内容的准确性。微课开发者可适当根据微课风格对内容表述进行改动，但需要注意的是资料中涉及的专业名词、相关数字及重要注意事项不允许有所修改或是忽略不写

课程总结回顾加深学员的学习印象，提升学习效果

在此脚本中，解说词语句流畅，过渡自然。使用"首先""然后"……这一类表示顺序的副词标明讲解逻辑，使整个课件的脉络明确清晰，便于学习者理解记忆。在课件总结部分，运用对仗的短句，读起来朗朗上口，便于记忆。

在技能实操类微课中，开发者经常需要引导学员注意重要知识点或操作细节，开发者要如何才能实现这种指向性的引导呢？其实在脚本设计中做到以下几点便可。

（1）增加案例佐证。开发者撰写脚本时，可对关键注意点增加后果描述或辅以案例和数据进行佐证，以突出重要性，起到警示作用，如图 4-1-11 所示。

（2）整合注意事项。在脚本中将需要注意的步骤、操作细节、要求等单独罗列出来，并处理成注意事项，单独作为一部分内容集中阐述，可让学员对这些内容有较完整的认识。

（3）总结易错点。进行脚本撰写时，可将日常作业操作中的常见错误融入到相应流程，讲解时作为注意点提醒。另在课件最后总结所有易错点，单独形成一组知识内容供学员进行集中回顾。

图 4-1-11　微课《10kV 电缆冷缩终端头制作》示例片段 -1

（三）"微"成面

该微课采用视频＋动画形式进行讲解，开篇用"技能侠"配合动画介绍作业背景，后用实拍视频细致讲解作业流程，画面呈现丰富，可学性强。下面我们从视觉面与听觉面两个角度来分析一下此案例的画面设计。

1. 视觉面

教学视频想要在视觉面上表现良好，首先需要一个质量良好的视频素材，那么开发者在拍摄中需要注意些什么呢？见表 4-1-6。

表 4-1-6　拍摄注意事项

注意事项	内容
稳定性	保持画面稳定
手法	关键步骤多用特写镜头展现细节
录音	尽量采用原声，若音频杂乱需要后期重新录制
构图	画面主体需明确，避免出现多个主体混淆
其他	采集大量过程图片，弥补视频拍摄不足

真人视频除了需要在拍摄过程中尽善尽美，剪辑过程也不可忽略。在剪辑过程中，开发者要做到：适当删减长镜头及废镜头，合理剪切镜头，避免画面过于跳跃，如特写镜头之后尽量避免接特写镜头。

后期制作是真人视频微课的一大难点，可谓成也后期，败也后期。后期视觉呈现需要达到两个要求，一是在画面上引导学员了解重点知识，二是整体呈现需要美观。在这方面，《10kV 电缆冷缩终端头制作》又是怎样呈现的呢？

（1）引导学习。

第一，结构清晰。运用操作视频讲解知识点，在画面上突出呈现各步骤名称、风险及相应防控措施，如图 4-1-12 所示。

图 4-1-12　微课《10kV 电缆冷缩终端头制作》示例片段 -2

第二，过渡提示。该微课的工作过程共分为 8 个步骤，在讲下一个步骤前，画面都会用蓝色高亮的方式提醒学员，再切入真人实操视频。通过此页面的重复出现，便于学员理清工作流程并不断深化记忆，如图 4-1-13 所示。

图 4-1-13　微课《10kV 电缆冷缩终端头制作》示例片段 -3

第三，及时提醒。以动画设计呈现知识点内容，配合真人视频还原操作流程，对出现的零部件名称进行标注，重要注意事项进行标注说明，并在画面适当位置呈现操作风险点，引起学员的注意，如图 4-1-14 所示。

图 4-1-14　微课《10kV 电缆冷缩终端头制作》示例片段 -4

（2）美观呈现。

色彩：搭配自然，以蓝色为主色调，蓝底白字，符合企业视觉识别系统的标识规范及员工观赏习惯。

排版：排版美观，图文并茂，主次分明，逻辑清晰。

文字：大小适中，符合视觉阅读习惯。

画面：视频画面主体清晰，无噪点，没有杂物混淆学员视线。

切换：实操视频与动画画面之间切换自然，过渡流畅。

2. 听觉面

在技能微课中，声音主要体现在旁白、对话及背景音乐这三个方面，旁白及对话的作用在于向学员讲解微课知识，结合画面呈现，让学员更加清晰理解微课内容。在本门微课中，全程都以旁白进行解说，语速适中，吐字清晰，语气转换自然，以亲和的声音向学员讲述，富有感染力。

背景音乐的作用主要是丰富微课表现力，吸引学员。该微课中，开发者采用了舒缓的背景音乐，使讲解显得柔和，尤其在没有讲解的画面，如开场、过渡及结束部分，加上背景音乐后显得不那么单调。

但对于无录音经验的人来说，在录制旁白或对话时很容易遇到以下几个问题：

× 语速过快；

× 声音忽大忽小；

× 声音过于平淡，有气无力；

× 话语情绪与对话情境不符；

× 音频录取太随意。

要想开发出好的微课，开发者在声音的处理上也需要下一番功夫，那么，什么样的旁白或对话声音才是适宜的呢？

✓ 语言清晰；

✓ 语速居中；

✓ 无噪声；

✓ 抑扬顿挫，平稳有力；

✓ 声音情感符合微课内容风格；

✓ 对话应当结合对话情境，富有感情；

✓ 语气转化自然、和谐。

在视频后期制作时，要时刻谨记声画统一，即内容讲解与画面呈现要协调一致，否则容易让学员感到云里雾里，学习体验不佳，学习效果也将大打折扣。除此之外，背景音乐的选取也是要点之一，开发者选取背景音乐时，需注意选取与微课风格相符合的音乐，一般以轻柔的纯音乐为宜。其次，背景音乐不宜太突出，音量不能盖过讲解的音量，否则会令人将注意力无法集中在讲解上。

第三节　技能类微课提升方向

技能类微课更注重实用性，因此以往的课件在形式上基本没有多大的改变，但随着移动化学习趋势的不断发展，以后的技能类微课开发不应再局限于一种授课套路。例如设计游戏模拟微课，增加课件的趣味性。在内容的处理手段上，也可以探讨新出路。

一、内容提升：实操步骤口诀化

众所周知，技术是技能实操微课的工作核心，解决技术问题更是家常便饭。作为微课开发者，讲解技术问题，关键点就在于"清楚透彻"——把复杂问题简单化、流程化。开发者可以将流程梳理出来，借助数字以及步骤关键字，编写相关口诀，便于学员记忆。

以配电变压器检修维护为例，首先将其做事流程梳理出来：

第一，确认杆号，匹配目标，检查环境，核对空气温度、湿度是否满足检修条件；

第二，做好绝缘措施，停电并检验；

第三，做好安全措施，上台架；

第四，配变更换高压套管密封圈；

第五，配电变压器加油及检查；

第六，测试配电变压器；

第七，接线和验收并记录测试结果；

第八，解除安全措施和恢复送电。

把流程步骤梳理清楚之后，需要对各个流程步骤进行提炼总结，将每个步骤提炼成一个词进行表达，便于学员理解和记忆。例如：一望、二绝、三上、四换、五检、六测、七记、八复。

二、形式提升：技能任务游戏化

技能实操微课的内容属于电力企业员工日常的工作任务，这种内容一般来说比较基础，对于技能人员来说，可能早就在其他教材或实操训练中学过。那么我们怎样将基础知识设计得更有趣，激发学员的兴趣，将老生常谈的内容做出新花样呢？

微课大赛中就有一个值得我们参考的例子。《南方电网萌物语之电力三宝》系列动画微课中，采用了换装游戏的形式介绍了工作服、安全帽、安全带的规范佩戴要求，如图4-1-15所示。

图4-1-15 微课《南方电网萌物语之电力三宝》片段

这门微课找到了游戏和工作服、安全帽、安全带的佩戴之间的关联点——着装，于是将换装游戏的情景模式应用到这个微课中。该微课用一个电力企业员工上班工作需要换工作服导入，设置员工着装中的误区，然后通过"游戏模拟"的方式，让员工掌握正确穿戴，完成正确着装这个学习目标。整个微课学习的界面融入了多种游戏元素，如按钮、物品、对话、通关、反馈等。让学员观看过程中如同自己玩闯关游戏一样，形式上完全不同于传统的教学模式，让人眼前一亮。

第二章　党建党廉类微课

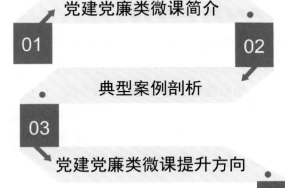

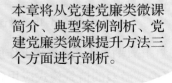

01 党建党廉类微课简介

02

典型案例剖析

03 党建党廉类微课提升方向

本章将从党建党廉类微课简介、典型案例剖析、党建党廉类微课提升方法三个方面进行剖析。

第一节　党建党廉类微课简介

电力企业中，我们常常开发与党建文化、团建文化、廉洁教育及电网企业文化相关的微课，内容涉及文化理念、重要讲话、案例经验、组织行为等。

党建类微课是传播党建相关知识的微课，如党章党史、党风建设、党纪党规、党中央会议精神、国家领导人重要讲话等，其学习对象为公司全体员工或公司党员，旨在传达中央精神，使公司上下在政治思想上团结一致，以党建工作的新作为推动企业的大发展。

团建类微课是分享共青团组织建设的微课，包括共青团组织管理、共青团文化宣贯等内容，学习对象是共青团员及公司其他青年员工，旨在通过微课学习加强团队建设，提高学员对共青团员组织的认识。

廉洁教育微课旨在宣贯党风党廉、企业廉洁文化，如岗位廉洁风险点、反腐倡廉建设、廉洁从业案例教育等知识内容，受众对象主要为公司全体员工，尤其是公司领导、管理层员工，旨在提高公司领导班子的政治觉悟和行为风气，做好国有企业党风廉洁教育和反腐败斗争工作。

电网企业文化类微课对电网企业的文化、理念等内容进行宣传解读，内容涉及企业文化内涵解读、公司组织制度、公司行为准则、企业职工文化、精益管理理念等，其学习对象为公司全体员工，旨在增强员工对公司文化的理解与认同。

党建党廉类微课在讲解时容易陷入以下三个困境：一是内容过于偏重理论宣贯，容易形成枯燥无味的学习感受；二是视觉呈现容易大段文字堆砌，缺乏美感；三是课件基调容易沦为空洞说教，缺乏可学性。

为避免以上的开发困境，需要明确这类微课开发的基本要求：

- 内容上，正面积极，理论结合案例，无政治性方向性错误，总结到位，指引准确；
- 形式上，排版严谨，逻辑、层次结构合理，避免大量文字堆积，风格统一；
- 表现手段上，符合公司最新技术规范标准，符合时代传播特色，好传播、易分享。

第二节　典型案例剖析

一、案例简介

那么，你对这类微课的了解有多少呢？我们先来看一门关于廉洁教育的微课吧，如图 4-2-1 所示。

图 4-2-1　廉洁教育动画案例呈现

大家扫描二维码
可以观看完整的
动画微课案例。

这是一则动画形式的廉洁教育制度宣贯的文化类微课，和你所认知的党纪廉洁类微课是否有区别呢？接下来我们通过本节案例来了解国有企业党建廉洁等文化宣传类微课的制作方法。

动画微课《哑巴吃黄连》故事生动有趣，颠覆了廉洁教育在人们心目中严肃枯燥的印象，所以，这是一门值得分享传播的好微课（见图 4-2-2）。但是，身为微课开发者，我们不应该只着眼于此，需要分析更深层次的问题，了解为什么这是一门好微课，并将其作为开发手段，为后续党建教育和文化宣贯类微课的开发打好基础。

图 4-2-2　动画微课《哑巴吃黄连》片段示例

文化理念教育是一种从思想层面影响他人的教育活动，学员对于该文化的认同感显得尤为重要。一般来说生硬地灌输会让大多数受众对这类知识或思想产生抵触心理，这样的话何来共鸣呢？于是，有些微课开发者从"化强硬灌输为趣味习得"的角度出发，开发出越来越多大众喜闻乐见的党建文化微课。

例如，《做合格党员的三个标准》长图微课也是一种很好的形式。党员的标准是有明确条文规定的，如果单纯讲解这些内容会比较空洞。而这门图文微课就将标准与电网员工的生活联系起来，用漫画场景将抽象的党员标准具体化，摘取生活或工作中能体现党员标准的行为来说明如何成为合格党员，如图 4-2-3 所示。

图 4-2-3　图文微课《做合格党员的三个标准》示例

接下来我们看看动画微课《哑巴吃黄连》是怎么开发设计的吧。

动画微课《哑巴吃黄连》教学设计如图 4-2-4 所示。

微课题目	《哑巴吃黄连》
学习对象	广东电网全体员工
学习目标	通过学习，供电所班组员工学会恰当使用公款，主动向上级提供公款使用的详细情况，要做到不虚报、不多报的廉洁风险自我防控
设计说明	呈现形式：采用动画方式，设置情境，呈现故事化场景。 其他说明： • 故事背景选取为某个虚拟供电所，贴合学员所在环境，容易引起共鸣。 • 通过具体情境，融入公款吃喝的廉洁风险点。 • 故事情节构建制造戏剧效果，引发学员反省自身行为。 • 结合时事新闻"天价虾"。 • 制造剧情反转的笑点，吸引学员继续观看。
内容要点	• 公款吃喝
参考资料	
供电所廉洁防控风险库	
课前/课后测试或练习	
因本微课为动画形式，故没有设置课程测试	

微定点—需求与标题：教育供电所班组针对公款吃喝问题进行廉洁风险防控

微连线—大纲、内容、情景：

案例呈现：供电所所长利用公款组织旅游、聚餐→在所长允许下，大家毫无顾忌地吃喝→买单时发现旅游地定价不合理导致供电所成了冤大头，超出公款预算还要自己填补。

包小廉总结升华：解读廉洁风险，说明防控措施

图 4-2-4　《哑巴吃黄连》教学设计

二、案例亮点

观看微课案例后，你会发现在此门微课中有一些特色和亮点值得我们学习借鉴，见表 4-2-1。

表 4-2-1　党建党廉类微课典型案例《哑巴吃黄连》特色与亮点

角度	特色与亮点
内容	情感共鸣强烈，思想启发深入：通过故事与廉洁风险结合使学员产生共鸣感
形式	采用情景动画形式，演绎生动、塑造合情合理
画面	人物形象富有特色，表情生动有趣

三、案例复盘及开发提点

（一）"微"定点

党建党廉类内容丰富多样，《哑巴吃黄连》这门动画微课选择的主题是"公款吃喝"，动画中通过案例故事与这一廉洁风险点紧密结合，反映"公款吃喝"下贪腐分子的不良行为。开发者从这一主题切入廉洁教育的需求。

1. 锁定需求点

供电所作为国有企业的基层单位，直接面对用电客户和社会大众，需要在工作中、生活作风上严于律己，保持清正廉洁之心。尤其是党的十八大以来，加强廉洁制度建设对国有企业的健康发展是十分重要。而供电所内，可能会存在一些廉洁风险问题，为加深供电所员工对自己岗位廉洁风险点的了解，避免出现违规行为，故将这些风险点开发成为微课，以供电网企业员工学习。

2. 聚焦知识点

廉洁风险点那么多，要如何进行知识点选择呢？从以上锁定的需求点出发，开发者选取了近年来我国"中央八项规定"中涉及小贪小腐最多的"公款吃喝"问题来切入。结合电网企业现状及实际情况，在标题和学习目标的设立上，更侧重于展现供电所全体员工对于经费使用、报销等方面的内容。这门微课的选题尽管没有明确的某一岗位的目标受众，却在针对单一问题上做到了精准聚焦，如图 4-2-5 所示。

图 4-2-5 动画标题示例

这是一个描述"公款吃喝"风险点的微课，开发者在确定微课主题之后需要构思一下相关情景，为微课拟定一个标题。本微课将标题拟定为《哑巴吃黄连》，结合了"公款吃喝"中的"吃"字，运用相关谚语的上半部分作为名称，为下面所长的有苦说不出埋下伏笔。同时，也提起了学员的观看欲望。其次，在题目上便能给学员一定的警示效用。

这样的标题文绉绉的，咱们电力专业的理工科员工学得来吗？

一切都是套路，跟我学几招就会啦！

党建文化类微课在标题制定上不一定需要直接将课件主题凸显在标题之上，可以适当使用一些引人入胜的标题以吸引学员产生求知欲进而点击观看，这种由学员主动进行学习的方式往往会将教学效果大大提升。那么，开发者在标题编写上又有什么小技巧可以借鉴呢？

（1）套用谚语、成语、四字词语。

例如：弄巧成拙、竹篮打水一场空、赔了夫人又折兵、天降好房等。这些词语简短，容易记忆又内涵丰富，其寓意对大众来说比较熟悉，即便没看内容，也能大致猜测其故事发展。此外，这些成语或歇后语在语境上具有幽默讽刺意味，更具哲思性，如图4-2-6所示。

图4-2-6　中央纪委监察部网站——套用成语的廉洁漫画示例

（2）运用相关文学典故、历史、童话、神话故事。

在微课大赛中，不乏很多吸引受众的好标题，运用相关典故作为微课标题的也不在少数，如电力安全科普系列作品《电力安全三杰之桃园结义》便利用了《三国演义》

中的典故，如图 4-2-7 所示。此外，廉洁教育或其他企业理念宣贯都是关乎文化的内容，可以适当联系相关历史典故展现某种文化底蕴。

像这种利用典故的标题也与微课的故事设计有关，不妨在构思好故事之后再想标题吧。

图 4-2-7 结合历史典故的微课示例

（3）借用网络用语、新词、新闻热点等。

例如网络用语"小鲜肉""厉害了，我的×××"风靡一时，微课开发者借用这些热门用语作为标题，更接地气，更能与时俱进，为微课增添吸引力，提高学员观看欲，如图 4-2-8 所示。

图 4-2-8 借用网络热词的微课标题示例

（4）善用修辞手法，如反问、设问等。

设问形式不仅可用在微课开篇导入，设计题目时也可以直接采用。简单的设问让受众更快进入你的微课情景中，代入感强，具有明确的引导式学习效果，如图 4-2-9 所示。

图 4-2-9　设问形式的微课标题示例

那么在题目包装上，有什么需要注意的呢？

首先，标题设计不可偏离主题，标题与主体内容需要有一定的关联性。

我们在设计标题时，切不可为了新颖而罔顾微课主题内容，导致牛头不对马嘴。所以众多微课开发者在追求标题新颖的同时也将标题创意加入微课主体中，如《电力安全三杰之桃园结义》不仅标题运用典故，就连微课的剧情及人物设定也沿用了相同的典故，如图 4-2-10 所示。

图 4-2-10　动画微课《电力安全三杰之桃园结义》片段

　　其次，不可以夸大事实的惊悚文字等作为标题。在用户众多的朋友圈当中，时常会出现类似"震惊！没流量也要看，不看不是 ×× 人"这类夸大惊悚的标题，以吸引受众点击查看，如图 4-2-11 所示。但是，微课标题在命名时切不可贪图这种标题带来的点击量，这类标题与主体内容不符，严重的落差感会使受众一下就立即退出，徒有点击量，而并不能很好地传授相关知识。

出大事了　紧急通知

速速扩散　看后秒懂

轰动全国　太震撼了

绝密偷拍　央视刚刚曝光

刚刚出的事

有身份证的都赶紧看吧

图 4-2-11　网络上的"标题党"标题示例

　　标题应忠于主体内容，不应强制将其套用某热点博取关注，这会让学员的学习体验有所下降。"标题党"蹭热点现象随处可见，微课开发者在拟定标题时可以适当蹭用热点，但不能为了蹭热点而强制将标题改得与之相悖。

（二）"微"连线

　　我们知道，廉洁教育不同于其他专业技术、技能类微课，它没有实质性的工作流程和步骤，提倡的防控措施常常点到为止，因为廉洁在工作中更多时候是一种自觉行为，给予人们警醒更重要。因此，这门微课的基本内容主要来自于供电所岗位的廉洁从业要求，搜集和整理比较简单，那么怎样去丰富这个微课的内容呢？

1. 故事情节

在《公款吃喝》这门微课中，开发者设置了一个故事，由供电所贴出通知"所长将在周末带领大家前往温泉酒店度假"而起，引出后续一系列诙谐、令人深思的情节。在故事情节设置中，开发者以公款吃喝作为故事设置起点，以热点"天价虾"的谐音"甜酱虾"作为故事的承接点，为之后结账时"甜酱虾"的天价使所长汗颜的反转剧情埋下伏笔。全篇故事以"甜酱虾"作为线索，令整篇故事不乏趣味之余也能让人深思。

2. 内容组织

开发者在故事情节设置完毕之后，需要思考：要怎样去获取可以支撑这个情节的资料？这样的故事情节是否有故事原型？这样的故事能展现"公款吃喝"的风险点吗？别人能通过这个故事得到启发吗？

在本门微课中，开发者在确定故事构思之后便开始搜集资料。

相关资料主要来自供电所廉洁风险库、员工廉洁从业守则等包含廉洁要求的文件，对一些风险预控措施及风险点描述进行收集归纳，用以支撑故事的主要情节以及案例总结资料。

主要的课件知识资料收集完毕之后，开发者想要让这样的的故事呈现更具警示意义，故事的情节撰写就需要尽量符合大众的价值观以及贴合现实情况，这要求开发者对故事来源资料进行收集及整合。本门微课中，开发者的故事原型主要是新闻案例中一些贪官的所作所为，将其情景再现，再结合一些大众熟悉的新闻事件，如"天价虾"进行情节润化，增加故事的趣味性及警示意义。

接着，将所收集的所有资料进行内容整合。

将资料填入之前搭建的"案例呈现—案例分析—案例总结"的大纲内。开发者将故事资料来源中的故事以及相关故事新闻与风险点具体描述相结合，新编与供电所相关的故事案例，呈现出一个在供电所背景下的案例。案例分析则是开发者将故事案例中涉及的风险点进行提炼，总结提出故事案例中的错误点，并进行案例总结，即将风险库中的防控措施呈现给学员，帮助他们树立正确的廉洁观念。

开发者以讽刺诙谐的构思去呈现这么一个故事，诙谐的结局不仅能引起学员愉悦一笑，也能在这样的故事中明白一个事实：这种行为不可取。这样不仅将知识点以诙谐的剧情展现出来，学员也能在愉悦心态中获得良好的学习体验。不仅达到教学效果，微课的再传播也有了一定的保障。并且在故事完结之后由"包小廉"出场，对以上故事进行评判讲解，并列举相应的防护措施，即巩固了学员前面自我反思的结论，也给学员指明了道路。

最后，需要对内容进行审核验证。

动画的内容主要通过案例呈现反腐内涵，对于知识点的硬性讲解较少，因此在内容审核上主要是针对案例总结部分——廉洁风险防控措施，审核其是否准确、完整。

对于案例呈现的结构、内容，需要审核其是否符合逻辑，人设是否符合实际情况，故事连贯性是否流畅。

3. 脚本撰写

《公款吃喝》讲的是供电所所长要请大家使用公款去旅游度假吃饭，主人公王虚得知不用自己付费后便告知了妻子，妻子让他带些特产回来。吃饭时大家都吃了很多特产"甜酱虾"，在结账时才发现了"甜酱虾"的"天价"，吓得所长直冒冷汗的故事。

下面我们来看看这个微课的脚本是怎么写的，如图 4-2-12 所示。

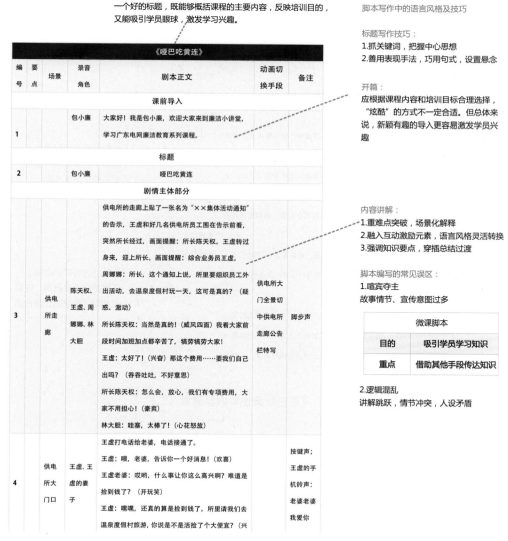

图 4-2-12 《哑巴吃黄连》内容脚本（一）

序号	场景	人物	内容		
			奋）		
			王虚老婆：哇塞，怎么这次福利这么好？！（惊讶）		
			王虚：嘿嘿，还不是所里有钱嘛！到时候我一定要好好享受一番！试一下那儿的甜酱虾！		
			王虚老婆：对了，听说那度假村的特产都不错，记得带点回来给亲戚们尝尝！		
			王虚：行，没问题！（豪爽）		
			王虚老婆：不过，买起来会不会很贵啊，还是别买太多了！（担忧）		
			王虚：怕什么！买完之后，我再找一些发票回所里报销就好！反正平时都是我负责购买办公用品的！（打包票）		
			王虚老婆：好！我老公最厉害了！（高兴）		
5	度假村门口		从度假村全景切换至招牌"温泉度假村"	度假村全景切换至招牌	背景配乐
6	度假村饭桌上	陈天权、宋浅、周娜娜、黄松	陈天权，王虚，宋浅，周娜娜，黄松等人坐在饭桌前，桌子上琳琅满目的菜色。 王虚：所长，这次集体活动大家都玩得好尽兴，谢谢您这么为员工着想！ 周娜娜：对啊，以后还有机会的话，咱们可以去远一点的地方咯！ 宋浅：我们应该感谢所长，领导有方！（奉承） 陈天权：行啦，啰嗦，要吃什么就赶紧点吧！（开怀大笑） 【这边，王虚拿起菜单（特写），在甜酱虾后打了个√。镜头切换，重新回到桌子上的时候，已经是一桌子残羹剩饭。这时，王虚已经结账回来，一脸愁容。】	包厢内全景推近到个人；	碰杯声；交谈声；背景音乐；

注意场景的转换：应尽可能符合人的认知逻辑

音效：应尽可能考虑到真实场景中应该有的声音，使场景呈现更真实

人物的行为符合身份：王虚是综合业务员，这里改成财务员宋浅会更合适

图 4-2-12 《哑巴吃黄连》内容脚本（二）

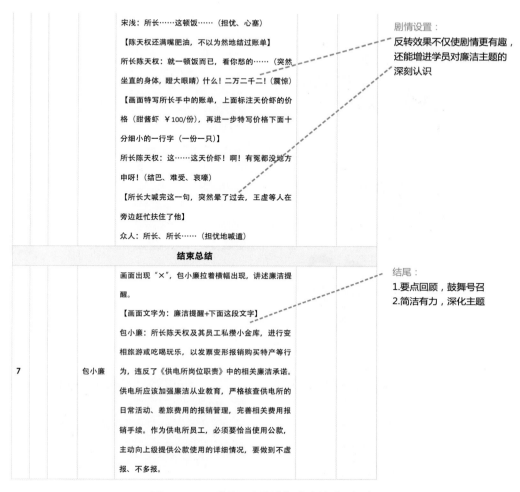

图 4-2-12 《哑巴吃黄连》内容脚本（三）

党建类文化微课所传授的知识内容多为文件性内容，但在微课教学中，我们必须将这些内容以风趣的方式转述出来，而其中常用的便是以"代入情境"的方式去完成转换，就如上述微课中，将风险点以故事呈现。代入的情境可以是情境交待、情景重现、虚构故事等，在党建文化类微课中多使用故事的形式去传达某些思想宣贯内容，让学员在故事中理解知识点。开发者在故事构思方面可以借鉴一些电影的设置构思，将自己设置的情境以有趣的形式包装成为一个好的微课故事。

故事构思参考：

（1）设置反转剧情，增强记忆点。

以反转的剧情让相关违规人员自作自受，引起学员反思，强化记忆，如图 4-2-13 所示。

图 4-2-13　廉洁漫画微课片段示例

（2）强化违规后果，加强警示效果。

廉洁教育微课大多瞄准腐败分子锒铛入狱的后果，警戒作用大大提升，如图 4-2-14 所示。

图 4-2-14　廉洁教育微课作品片段

（3）引用新闻热点、网络现象等热门事件，加强与现实之间的联系。

廉洁动画《量身定做》中的情节设计中，将戴路与李用权之间的勾结起源设定为戴路妻子将生二胎，这与我国近期的"二胎政策"相联系，拉进了现实与故事之间的距离，符合了学员的认知逻辑，如图 4-2-15 所示。

图 4-2-15　廉洁教育微课作品片段

（三）"微"成面

最后，在微课设计上，动画微课设计制作侧重于视觉和听觉的效果呈现。接下来我们将从视觉面设计和听觉面设计来展开分析动画微课《哑巴吃黄连》。视觉面上我们将重点剖析该微课的人物设计、场景设计和色彩运用，因为在情景动画中，人物和场景的设计最重要；听觉面上将重点剖析人物配音和音效的制作。

1.人物设计

在《哑巴吃黄连》当中，每个人物的形象设计都符合其人物特征，人物的着装、行为动作等方面都很值得考究。例如所长陈天权，大腹便便，与他常用公款吃喝等行为相呼应；而综合业务员王虚身穿职业服装，符合电网公司员工着装要求，一些小动作上面也显现了王虚爱贪小便宜的性格特征，如图 4-2-16 所示。

图 4-2-16　动画微课《哑巴吃黄连》的人物片段

此外，该动画微课中还有一大亮点：廉洁形象大使的设计。

廉洁文化大使"包小廉"铁面无私，额头上有月牙形印记，原型借鉴了中国古代著名的清官代表包青天形象，给人刚正不阿、清正廉洁的第一印象。在服装打扮上，包小廉身披红色披风，头戴红色安全帽，手拿纪检条例，充分体现了勇敢果断的性格特征和南方电网公司文化特色，如图 4-2-17 所示。廉洁文化主题人设将抽象的文化、概念体现在具体的人物形象中，为文化宣传工作塑造了一个虚拟但有血有肉的形象大使，有利于文化的表达以及企业品牌形象的塑造。

图 4-2-17　廉洁侠—包小廉

此外，广东电网公司党建文化类形象大使还有党建侠－小文、共青侠－小团，他们与安全侠、电力侠、技能侠、科技侠共同组成广东电网"七侠"，为企业内各种文化的宣传代言，如图 4-2-18 所示。

党建侠－小文　共青侠－小团　安全侠－小安　电力侠－电小编　技能侠－小能　科技侠－小科

图 4-2-18　广东电网"七侠形象"

2. 场景、版式设计

动画的片头设计也运用了一些"小心机"，采用电网卡通形象"包小廉"，引出微课主题，背景设计上，一颗太阳闪闪发光，暗示了任何一切违规行为都无法隐藏，色彩明亮，整体较为活泼，符合年轻受众的观赏喜好，如图 4-2-19 所示。

图 4-2-19　《哑巴吃黄连》片段示例

除此之外，开发者在设计开发廉洁教育类微课时，需要时刻牢记微课可视化设计的原则。

3. 色彩运用

该门微课采用的南方电网公司的代表色——蓝色，人物的服装、动画的片头片尾主导色均为蓝色，但是党建文化、廉洁教育的主题色为红色，红黄色系和蓝色系的搭配形成鲜明的色彩对比，让整个动画画面更明亮、鲜艳，如图 4-2-20 所示。

图 4-2-20　《哑巴吃黄连》色彩运用

4. 人物配音及音效

该动画微课全部采用专业配音，配音上根据人物设定的年龄、性别、性格特征选择不同的声线，达到了真实的还原。

在动画音效上，打电话、餐饮时都会配上相应的配音，让整体动画设计更显真实、合理。

第三节　党建党廉类微课提升方向

随着科技手段的进步，人们的要求会越来越高，那么党建教育及企业文化类微课应该如何去满足新时代员工学习需求呢？我们还可以从这些角度去开创新思路：

一、形式选择新颖性

微课本身就是课堂的一种创新形式，微课的流行与其具有创新性、创意十足的特点息息相关。但随着微课越来越流行，很多微课开发者将微课开发形成了一个套路，大同小异的微课出现在人们的视野当中，很容易造成受众的审美疲劳。为了打破传统开发套路，微课开发者可以结合大众喜好特征，在微课形式选择上独辟蹊径，做出让大众喜闻乐见的"新微课"。

（一）拍摄创意短视频

短视频风靡整个网络，其中"抖音视频""快手视频"等短视频APP更是炙手可热，其受众群大部分是年轻人。在电网企业中，90后员工逐渐成长起来，拥有充分的表达欲，这种创意短视频正好契合了这一类群体勇于表达乐于表达的诉求。未来开发者在开发廉洁案例型微课时，可以考虑结合这类APP用户的性征，用更低成本的方式拍摄更受欢迎的廉洁短视频或微电影，如图4-2-21所示。

短视频拍摄对设计能力的要求不是很高，对一般会用手机而不会绘画的人来说是一个不错的选择。

这些都是在日常工作当中所潜在的廉政风险啊

图4-2-21　真人视频微课片段示例

（二）开发H5互动游戏

开发者还可借助H5等形式，开发一些关于党章、廉洁的小游戏。例如让用户充当故事中的角色，参与故事发展，帮助揪出违规现象，如图4-2-22所示。

图 4-2-22 H5 游戏化微课片段示例

二、风格设计多面性

在设计开发的时候，开发者需要对微课风格进行构思，尽量使微课内容显示出风格化。这样极具风格的微课会使员工眼前一亮，利于微课的传播。开发者可以根据内容特点，融入中国的传统文化要素，如皮影戏、水墨画等。

动画微课《贪之祸》用国粹文化"皮影"，讲述了小猴子因为贪吃蟠桃而被捕的故事，影射了全篇主旨：贪心只会祸害自己，如图 4-2-23 所示。故事情节的构思上也借鉴了西游记中孙悟空偷吃蟠桃的典故，影片虽短，故事情节也较为简单，但这不失为廉洁微课开发者的另一思路，可以在形式上结合中国博大精深的文化，宣扬廉洁文化，弘扬中华民族清廉的民族精神。这种创新形式，不仅能引起学员的学习兴趣，让学员在学习过程中感受民族文化的熏陶，在这种熏陶下反省自身，也能弘扬民族文化，使其更加源远流长。

图 4-2-23　皮影微课《贪之祸》片段示例

　　在廉洁文化作品征集中，我们发现有不少员工擅长书法和中国水墨画，其实也可以花点时间用水墨风格画漫画或连环画，内容比单独一幅《爱莲说》的图片等更具可读性和观赏性，如图 4-2-24 所示。

图 4-2-24　水墨风格片段示例

三、内容设计简明化

　　党建廉洁教育除了呈现案例外，其实还可以简单一些，将制度或风险点用图文罗列阐明，教育的意味更直接明了，如图 4-2-25 所示。对于动画、视频或 H5 可能学员在观看学习时还存在一种"看客"的心态，而图文微课，由于其承载的内容量更多，因此对制度文化的解读更详细，适合需要记忆的重要文化理念宣贯。

图 4-2-25　图文微课《业务风险卡》示例

第三章　安全文化类微课

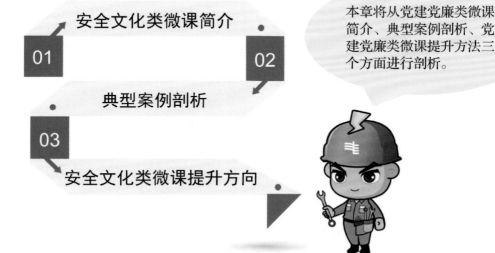

第一节　安全文化类微课简介

安全文化类微课的课件内容涉及电网安全作业的方方面面，如安全防范知识、作业风险内容、安全生产操作、安全案例剖析、安全规范讲解等，主要学习对象为全体电网员工，旨在强化安全生产和职业健康，营造企业安全生产文化氛围，减少安全事故的发生。

在开发安全文化类微课时，开发者需可以先从内容与结构、教学设计、技术资源三个方面了解该类微课的特点。

（1）内容与结构：在内容上，多采用典型正反案例、常见案例、特殊案例作为微课内容来源，通过案例描述及剖析，直观讲解相关知识点。或通过正反案例对比手法，引发学员思考，加深学员对课件内容的印象。在微课结构上，安全文化类微课通常采取层级分析法、流程分解法、分类说明法和场景演示法来展开课件的讲解，这与其他类微课具有一定的共通点。

（2）教学与设计：大部分安全文化类微课在教学设计上会采用情景化教学方式，如案例重现、场景模拟等，这种教学方式代入感极强，容易引发学员的共鸣，警醒效果良好。

（3）技术与资源：在技术及资源的运用上，安全类微课除了传统的微课开发形式，如图文微课、动画微课、视频微课、H5微课等，近几年还引入了3D、AR、VR等技术，高仿真还原模拟教学时刻或事故现场，让学员身临现场，加深学习印象，提升培训成效。

安全文化类微课内容相对严肃严谨，知识点关乎人身及企业安全，开发者在开发这类微课时尤其需要注意以下四点：

● 微课风格不能过于儿戏；
● 微课需要在一定程度上给予学员警示意义；
● 课件内容需要专业准确；
● 案例来源要真实可靠。

第二节　典型案例剖析

一、案例简介

安全生产、职业健康与电网员工息息相关，让我们看看其中一门微课来了解下吧（见图4-3-1）。

图 4-3-1　安全文化类案例呈现（扫描二维码观看微课）

《杜绝带地刀合闸送电之无奈的约定》是一门基于"五防"安全教育警示的培训微课，主要通过故事来渲染警示效果。

接下来我们就通过这个案例来探讨安全生产与职业健康类微课是如何开发的吧！

首先看《杜绝带地刀合闸送电之无奈的约定》微课教学设计，如图 4-3-2 所示。

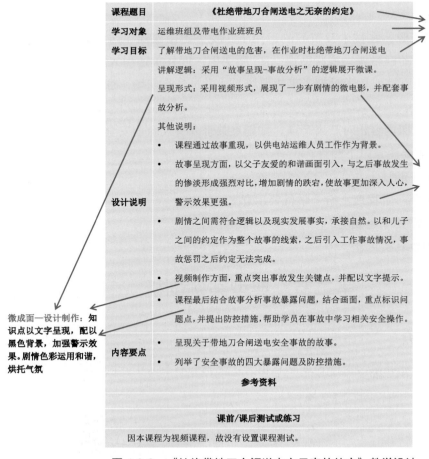

图 4-3-2　《杜绝带地刀合闸送电之无奈的约定》教学设计

二、案例亮点

观看微课案例后，你会发现在此门微课中有一些特色和亮点值得我们学习借鉴，见表 4-3-1。

表 4-3-1　安全文化类微课典型案例——《杜绝带地刀合闸送电之无奈的约定》特色与亮点

角度	特色与亮点
内容	用真实的安全事故案例讲述作业风险，让学员明白作业误操作的严重后果，达到警醒作用
形式	采用微电影形式重现安全事故，真实可感，故事性强
画面	除了电影风格画面，视频中对事故还原与操作要求添加了必要的标示说明，用故事警示学员的同时也在指导学员正确操作，达到良好的技能掌握效果

三、案例复盘及开发提点

（一）"微"定点

在微定点方面的亮点，《杜绝带地刀合闸送电之无奈的约定》的选题有针对性且精准聚焦，体现在选题匹配学员需求、知识点切分精细上。

1. 需求点锁定

在电网企业当中，安全文化的建设是极其重要的，不同的岗位能力要素中均要求电网企业员工掌握相应的安全知识。是以，安全知识宣传培训是电网企业当前需要解决的重点问题之一。

另外，近年来电网安全事故频频发生，归根究底，大多是电网员工在作业时并未规范操作，从而造成不可挽回的损失。为了避免类似事故的发生，电网企业决定在安全生产方面进行全面宣贯，加强全员的安全意识，防范未然。这不仅是电网企业的安全生产要求，也是电网企业作为国有企业应承担的责任。是以，开发安全类微课是电网企业的迫切需求之一。

2. 知识点聚焦

电网企业安全要点众多，开发者该如何选择其中一个点来进行微课开发呢？本门微课中，开发者从岗位入手，锁定受众及任务，主要针对运维班组或其他一些需带电作业的岗位人员需要注意的作业安全，希望学员在学习之后能了解该作业操作的风险存在，并规范自身以避免问题再次发生。总结其教学目标，见表 4-3-2。

表 4-3-2　《杜绝带地刀合闸送电之无奈的约定》教学目标

课程题目	《杜绝带地刀合闸送电之无奈的约定》
学习对象	运维班组及带电作业班班员
学习目标	了解带地刀合闸送电的危害，在作业时杜绝带地刀合闸送电

再根据颗粒度切分知识点，如运维班班组人员时常需要进行带电作业，有些操作过程若不注意往往会造成事故的发生，开发者便选取了其中较为常见的带地刀合闸送电作业操作作为知识点支撑进行微课开发。通过案例重现的方式向学员展示一些安全操作的方法技巧。

（二）"微"连线

该典型安全文化类微课以电影故事的内容讲解形式，为我们带来了独特的安全生产教育体验，在大纲结构、内容整合、脚本撰写上都体现了微电影故事创作的特色，我们来深入学习。

1. 大纲结构

本门课件是一部以微电影呈现的创新性微课，主要以"案例故事重现＋事故分析"的结构展开微课的编排。故事导入让学员在学习过程没有任何压力，事故的后果给深陷故事情节的学员一个警醒，并在事故分析上帮助学员梳理事故原因及相应防控措施。这样的课件结构将学员置于故事情节之中，成为故事主角，学习效果大大提升。

故事情节设置上，以父子亲情的和谐画面引入，与之后事故发生的惨淡形成强烈对比，增加剧情的跌宕，使故事更加深入人心，警示效果更强。以和儿子之间的约定作为整个故事的线索，连接故事的情节发展。而后引出工作事故情况，事故导致约定无法完成。期间加以部分情节，增加故事的趣味性，例如小赵为儿子准备的大餐是番茄炒蛋、糖拌西红柿、炖蛋、西红柿鸡蛋汤，这些小"梗"能让观看者产生愉悦的心情，如图 4-3-3 所示。

安全文化类微课通常会采用这种以案例直接展现相关安全风险，再结合解说诠释安全文化的结构进行开发。这就要求开发者在案例呈现上具有创新思维。案例来源通常是企业案例库中的真实例子、员工身边的真实故事抑或开发者自身的经历事件。对于电网微课开发者来说，案例并不难找，以怎样的方式去呈现案例才能更容易引起学员的反思呢？除了以上的微电影展示，开发者还可以借鉴以下案例呈现方式。

图 4-3-3 《杜绝带地刀合闸送电之无奈的约定》趣味片段

（1）重现事故现场。安全类微课内容大多是安全事故及预防措施的普及，大多案例涉及事故现场的描述。开发者可以采取"直接还原事故现场，进而分析安全风险"的案例呈现方式，为了更直观、真实地还原事故发生细节，开发者可以借助动画、3D等手段对事故发生现场进行模拟绘制，再现事故现场。

在微课《"8·8"某供电局劳务派遣工人身触电事故》中，便采用了 3D 绘制技术为我们呈现了事故发生的始末，如图 4-3-4 所示。

图 4-3-4 3D 微课示例——《"8·8"某供电局劳务派遣工人身触电事故》片段

234

这门微课使用 3D 技术还原事故现场，对于事故发生细节进行了深度刻画，直观地向学员呈现了事故发生的始末。逼真的画面呈现以及环境再现，都吸引了学员的兴趣。学员也因此了解到事故发生的原因，进而提高警惕，避免相似情况再次发生。配套的旁白讲解将学员代入事故现场，使学员印象深刻。最后总结归纳事故原因及相应防护措施，使"身临现场"的学员恍然大悟，加深记忆。

（2）动画 / 漫画呈现。动画和漫画是目前青年人的喜好之一，开发者可以结合这种形式呈现漫画。微课《电源短路，一定要先切掉电源》中，以可爱搞笑的画风呈现了一个案例，这种趣味形式符合青年受众的需求，如图 4-3-5 所示。

图 4-3-5　漫画微课示例——《电源短路，一定要先切掉电源》

（3）套用典故。在不方便透露案例的相关人员身份时，我们可以套用一些公众熟悉的人物，如西游记人物、三国演义人物等，并且套用其相关场景，将案例迁移到这些典故当中，这样能使案例变得更加有趣。在微课大赛中也有不少安全文化类微课使用这种方式去展现案例，如《巡视安全应急小贴士——如何避免狗狗的"深情一咬"》，便是将案例迁移到《哆啦 A 梦》的场景之中，使学员眼前一亮。

2. 内容整合

开发者将微课结构大致确定之后，需要对应收集相关资料，以填充整个微课框架。在资料收集方面，开发者主要从以下两个方面对微课的资料内容进行收集。

（1）文本资料搜集：案例原型、事故分析依据、预控措施等。主要来源于电网企业相关安全作业规程，如 Q/CSG 510001—2015《中国南方电网有限责任公司电力安全工作规程》。

（2）制作素材搜集：相关产品细节图、正反操作示例图、事故新闻图等。主要来源于产品说明文件、开发者自行拍摄或相关新闻等。

通过素材的收集和知识萃取，我们需要对所收集的素材进行一个梳理整合，运用素材五问法可以对素材进行一个初步筛选及确定，见表 4-3-3。

表 4-3-3　微课素材筛选

知识要点	素材 5 问	具体内容
知识点 1：擅自修改防务系统信息	是否有需求趋势	电网企业存在此现象，事故频出，需要遏止
	是否有政策文件	《防务闭锁装置运行管理》
	是否有规范标准	《防务闭锁装置运行管理》
	是否有相关理论	对防务闭锁装置逐级一次系统图有疑问时，应当认真核对现场设备运行方式。确认不正常时，应立即报运行部门五防管理人员
	是否有案例数据	曾有员工擅自改动，造成事故发生
知识点 2：先操作后补操作跑	是否有需求趋势	电网企业存在此现象，事故频出，需要遏止
	是否有政策文件	《电气操作导则实施细则》
	是否有规范标准	《电气操作导则实施细则》
	是否有相关理论	操作前操作人员应对照操作任务和运行方式填写操作票，并严格执行操作票"三审"制度，严禁无票操作
	是否有案例数据	曾有员工不负责任，造成操作事故
……	……	……

将所收集到的资料进行整合。本门微课中开发者将带地刀合闸送电作业的真实案例结合相关规定内容进行故事改编，与大纲结构进行对应，完成了大纲的内容补充。为后续的脚本撰写提供材料支撑。

最后，我们需要将整合的资料进行内容验证，以确保内容的准确性，见表 4-3-4。

表 4-3-4　内容验证结果

微课内容	来源	是否正确	是否必要	是否完整	是否有针对性	是否可复制	是否可挖掘
案例原型	公司案例库、事故报告	✓	✓	✓	✓	✓	✗
分析总结	Q/CSG 510001—2015《中国南方电网有限责任公司电力安全工作规程》	✓	✓	✓	✓	✓	✗
预防措施	Q/CSG 510001—2015《中国南方电网有限责任公司电力安全工作规程》	✓	✓	✓	✓	✓	✗
制作素材	相关产品图片、新闻图片等	✓	✓	✓	✓	✓	✗

经过验证，我们可以将不合适的内容剔除，保留下来的内容就是微课的主要内容。在安全类微课内容的审核中，开发者需要注意对微课的每一项内容进行严格审核，确保微课内容的准确性。

3. 脚本撰写

脚本撰写方面，以"约定"为线索，连接故事的情节发展。期间加以部分情节，增加故事的趣味性，例如小赵为儿子准备的大餐是番茄炒蛋、糖拌西红柿、炖蛋、西红柿鸡蛋汤，这些小"梗"能让观看者产生愉悦的心情。

该微课脚本的部分内容如图 4-3-6 所示。

课程引入			
说明	以故事开篇，涉及角色：电网员工小赵、小赵的儿子阿星、电网员工小魏、电网员工赵冲		
故事梗概	电网员工小赵的儿子阿星是个"爱车一族"，小赵与其约定待年终奖下发后就为其购买一辆自行车。但是小赵在一次作业中，因为马虎大意，忘了拉开 126B0 接地刀闸，并在这种情况下进行合闸送电，造成恶性误操作事故。因为这次事故，小赵受到了相应的处罚，年终奖金也被扣除，与儿子的约定破灭。		
分镜脚本			
场景	人物	画面内容	对话/旁白
客厅内	阿星	阿星正在玩自己的玩具车	
厨房内	小赵	小赵边唱歌边洗菜，阿星的车撞倒小赵，小赵捡起，走出厨房。	小赵：阿星选手

（故事梗概掌握大致方向，是脚本撰写的主要参考。）

图 4-3-6　《无奈的约定》部分脚本内容

案例看完之后，或许有些学员已经能从案例中自己总结出相应的风险点，但为帮助学员巩固学习效果，开发者切不可遗漏案例解说，如图4-3-7所示。《无奈的约定》当中，开发者将相应的问题点以字幕形式逐点列出，方便学员在听的同时结合视觉，加深思考。同时开发者也总结出防护措施，使学员有一定的学习标准。

事故分析	
旁白	暴露问题1：操作人员严重违反防误闭锁装置运行管理的有关规定，在未认真可对现场运行方式情况下，擅自岁防误闭锁张志逐级一次系统图进行人工置位，致使126B0接地刀闸实际处于合闸状态而在防误闭锁系统上被人为改为分闸状态，留下严重安全隐患。 ……
画面呈现	问题及措施以字幕逐个出现，截取故事中相应问题画面进行解说。

图4-3-7 《无奈的约定》事故分析

安全文化类微课的案例解说是整门课件的知识核心。在案例解说的编写上，开发者应当做到以下几点：

- 语句简洁明了，不啰嗦。
- 突出重点，结合相关画面进行解说。
- 对一些细节点进行标注，引起学员注意。
- 可借助相关音效、特效，营造严肃氛围，让学员严肃对待。

（三）"微"成面

该微课在视觉面和听觉面上除了以浓厚电影风格呈现故事外，还对事故案例进行分析与解读，通过标示说明事故中体现的错误操作。

1.视觉面

首先，视觉面上，开发者将知识点以文字呈现，加以一定的后期特效，使其具有一定的警示意味，配合故事画面，对出现问题的地方进行标注说明，引起学员注意，帮助学员理解。

这里需要注意，很多微课开发者选择拍摄视频或微电影的原因是拍摄简单，对软件技术的要求没那么高。于是在视频制作上过于关注画面表现，而忽略学习性。通过故事可以很好地反映安全事故的严重后果，但这门微课值得我们学习借鉴的地方在于它不仅做到了这一点，还给学员分析解读了事故中的错误操作。要达到效果，需要开发者花费一些时间与心思，将前面剧情中体现的误操作再展现一遍，同时添加旁白、文字、图标等说明内容，如图 4-3-8 所示。

操作人员严重违反防误闭锁装置运行管理的有关规定，在未认真核对现场运行方式情况下，擅自对防误闭锁装置主机一次系统图进行人工置位，致使126B0接地刀闸实际处于合闸状态而在防误系统上被人为改变分闸状态，留下严重安全隐患。

太阳线开关侧126B0接地刀闸漏拉开

图 4-3-8　《无奈的约定》画面说明片段

其次，在色彩搭配上，用色自然，符合情节发展。在前面部分展示父子亲情的画面色调为暖色调，营造了和谐的气氛。而在最后被处罚之后，色调变为冷色调，配合慢动作特效，显示出主人公低落的情绪。

最后，在故事演绎上，邀请员工亲自表演，在对话演绎、情感发挥、表情传达上需要演员富有表现力，充分理解剧本内容与人物关系。在该微课中，演员表现自然，画面呈现真实舒服。

2. 听觉面

在听觉面上，背景音乐的选取主要依靠剧情的发展进行选取，在前面温馨的父子剧情当中，开发者采用柔和的轻音乐烘托温馨气氛，在后期主人公被惩罚时则采用忧伤的轻缓音乐烘托主人公的低落情绪。在后面的事故剖析当中，开发者采用节奏感较强的音乐作为背景音乐，配合黑色背景图，增强了警示效果。在影片中，开发者采用了大量特效音效，如在发生事故时的电流声等，加强了故事的真实性。

微电影中，演员对话进行同步录音，声画同步良好。在此需要说明，在开发视频类微课时，若讲解员或演员使用同期声，他们的普通话应标准，发音清晰准确，语速为 200 ～ 240 字 / 分钟。但是针对个别人物角色，可以根据其性格特点调整语速、发音特点等。

其他的录音、配音技巧可参考实战篇中的听觉面内容。

第三节　安全文化类微课提升方向

《无奈的约定》采用以故事展开、结合事故分析的逻辑展开微课的编排，让整个微课更具趣味性。以故事导入，使学员的学习过程没有任何压力，以事故后果警示学员，最后分析事故，帮助学员梳理事故原因及相应防控措施。这种形式将学员置于故事情节之中，成为故事主角，学习效果大大提升。

除了本身内容之外，形式创新也是人们期待的一大看点。开发者在讲述安全知识时，不仅需要思考内容的权威科学性，思考讲解方式更是需要绞尽脑汁。上述案例便采用了真人微电影的方式将知识点故事化，那么，除此之外还有其他的创新方式吗？

一、内容创新：套用典故

这里的套用典故与上述所说的案例呈现套用典故有所区别，这里主要是针对一些无需案例说明的安全文化内容，其典故套用在整个微课中，包括讲解人员也是典故中的人物，而不仅仅是其中一部分。

微课作品《电力安全三杰》系列，将变电站线路三种基础设备分别拟人化为刘备、关羽、张飞，分别以皇榜征兵、短兵相见、桃园结义三个典故，讲解了变电站线路三种基础设备的简介、功能及关系结构，如图 4-3-9 所示。这种方式极具趣味性，找到了知识内容与典故之间的关联性，借助了大众对典故的熟悉，将相关知识以典故的形式去讲解，学员更加容易理解，学习效果不可小觑。

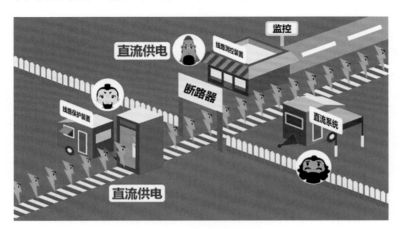

图 4-3-9　典故套用案例

二、形式创新：改编歌词，以歌曲形式帮助学员记忆相关要点

开发者在思考讲解形式时，可以考虑将一些大众熟悉的歌曲进行改编，将知识内容以歌词形式展现，并录制成音频。这种形式方便学员在哼唱过程中记住知识点，加深记忆。例如，《国家电网十不干歌曲》借用了《八荣八耻》的旋律，将电网企业员工十种不允许开展作业的情况唱了出来。还有《国家电网安全用电小苹果版》借用《小苹果》的旋律唱出相关用电安全法则，如图4-3-10所示。形式有趣，适合通过重复播放，加深学员印象。另可结合地域特色，将这类安全常识以特色民俗展现出来，方便当地人员理解记忆，如天津快板。

图 4-3-10　歌词改编案例

第四章 专业技术类微课

第一节 专业技术类微课简介

电网企业内，专业技术类微课是基于专业技术类岗位的工作管理办法、业务指导书来分享专业技术类的业务流程管理、工作要点、关键环节中的实用知识、管理经验、管理小窍门等这一类的课件。

在广东电网中，专业技术类岗位包括二十类，见表 4-4-1。

表 4-4-1　专业技术类岗位类别

专业技术类岗位									
序号	1	2	3	4	5	6	7	8	9	10
序列	行政	企管	规划计划	人力资源	财务会计	市场营销	生产技术	基建工程	物资	信息技术
序号	11	12	13	14	15	16	17	18	19	20
序列	安全监察	农电	国际	审计	法律事务	纪检监察	政工	工会	调度控制	综合

以上二十类专业技术类部门如果需要员工了解相关的管理规则，则需要借助有效的手段来进行信息的传达，如财务部门发现公司员工在经费报销时经常在某个环节上出错，那么财务部门的员工可以通过制作一则微课进行强调及培训。

在电网企业中，管理办法和指导文件的条例非常复杂，为了将相关管理规定重点有效地传递给员工，使得业务流程更容易被识记，我们可以借助微课这样的手段来进行员工教育。

纵观专业技术类的微课案例，我们可以看到专业技术类内容的一些普遍特点：

● 各专业的项目管理一般涉及总体原则、实施方法及要求、风险预控或管控措施等内容。

● 知识框架一般为"某岗位主体＋负责任务＋具体业务流程讲解"。

● 业务流程涉及不同职责主体和不同实施要求，容易混淆。

● 管理要点多且零散，较难记忆。

微课的运用并不是专业技术管理知识的系统教学，而是适合某些关键环节、重要步骤、案例分析、经验分享等这一类知识的传达及学习，突出时效性，凸显管理重点。此外，可以借助动画、图文、H5 等微课形式有效增强企业制度文件学习的趣味性。

第二节　典型案例剖析

一、案例简介

那么，如何该做好专业技术类的微课呢？首先我们通过一则关于"科技项目管理－质量管理"的微课深入学习吧（见图 4-4-1）！

图 4-4-1　专业技术类微课案例

这是一门运用动画形式来讲述科技项目要素管理中的质量管理问题，对比起纸质版的管理条例，动画的形式是不是更能让人接受而且不会觉得枯燥呢？

除了动画形式的微课，我们还可以运用很多其他形式来进行微课的制作：

如图 4-4-2 所示的生产项目管理长图微课《前期立项需谨慎　依据充分材料全》中也涉及了业务管理风险、防控措施、正确的实施方法等内容，生产项目前期立项申报的流程和申报资料等都比较零散，没什么记忆点。

图 4-4-2　生产项目管理长图微课示例——《前期立项需谨慎　依据充分材料全》

尽管知识零散，不容易记忆，专业技术类的微课学习要求与技能实操类一样，都要求目标学员能熟练掌握并按流程实施。例如物资管理，不仅需要了解供电局内的物资从计划采购→申请采购→实施采购→物资分配→使用管理→物资回收的流程，还需要掌握如何经手经办要填写哪些申请单去哪里采购等。电网企业内，这些知识不像技能实操，可以不断模拟演练，一般上演在真实的工作环境中且时间跨度较大。例如我们每个月报销，总有个别员工会忘记报销申请流程，因为并非每个月都有报销事项，这种小事问问同事就能解决。而电网内，如科技项目管理，前几个月是实施阶段，可能员工对实施的流程方法很熟悉，但后一个月是验收阶段，突然转换工作内容，员工可能就会忘记怎样申请验收。这些事情往往 "牵一发而动全身"，需要严格执行，问同事不一定能掌握全部内容，这时候就需要专门学习这些内容，让学员 "随学随用"。

为了让员工熟练掌握工作环节，在实际业务中"随学随用"，专业技术类微课也常常制作成图文形式或漫画形式。

如图4-4-3所示《科技项目管理——质量管理》长图微课，通过时间节点、执行对象、工作内容和风险点四个部分来讲述科技项目管理的质量管控，非常清晰明确。这样的图文微课就像备忘录或工作笔记一样，让员工在某个业务环节中阅读学习，检查自己的工作是否实施到位。

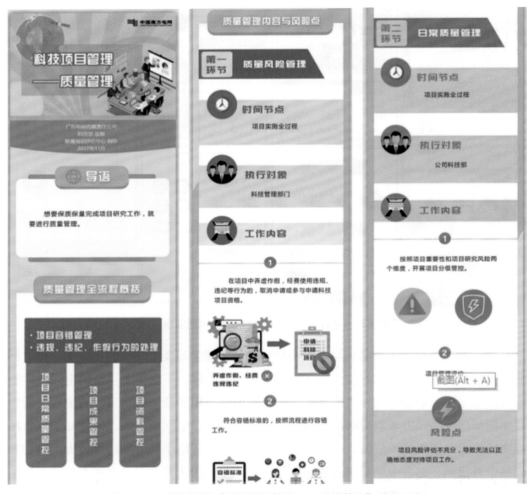

图 4-4-3　长图微课《科技项目管理——质量管理》片段示例

我们也还可以采用漫画的形式，如《论文发刊依合同，成果达标付全款》这则漫画（见图4-4-4），呈现的是在质量管理中存在的问题和造成的后果，四格漫画下面是科技漫画卡通形象"科技侠小科"的专业解答，说明漫画中出现的问题的正确处理方法和防范措施等。

图 4-4-4　漫画微课《科技项目管理——质量管理》片段示例

二、案例亮点

观看微课案例后，你会发现在此门微课中有不少特色和亮点值得我们学习借鉴，见表 4-4-2。

表 4-4-2　专业技术类微课典型案例《科技项目管理——质量管理》特色与亮点

内容	知识点聚焦，结构内容完整。该微课对科技项目的管理制度进行了选题分析，切分知识点后有针对性地开发微课
形式	采用案例情景导入 + 图文动画讲解的形式，兼具趣味性和实用性
画面	采用"科技侠"形象讲解质量管理的制度要求，对于条文讲解的可视化程度高，色彩搭配丰富，画面清晰

三、案例复盘与开发提点

接下来我们一起来看看该微课的制作流程，了解其制作技巧及开发要点。

（一）微定点

专业技术类微课定题一般先挖掘学习需求，以员工的需求作为开发目标，确定主要知识点，选定微课内容进行开发。

1. 需求点锁定

专业技术类的微课的内容一般来自明确的公司管理办法，这些文件都以专业术语讲述相关流程的注意事项等，要点繁多，不同阶段有不同的管理办法，不同人员也有不同的实施要求。因此微课开发者在选择微课题目时，要选择一个问题点进行剖析。例如，科技项目管理中的各个环节都有可能存在不规范管理的问题，在质量管控方面也存在问题。需要对相关人员进行质量管理办法的宣传学习，因此开发者选取的是质量管理这一要点，以求学员了解质量管理的总体原则，掌握项目分级的管控措施，学会成果管理、资料管理和容错管理的具体要求与手段，熟知违规、违纪、作假行为的处理办法，如图 4-4-5 所示。

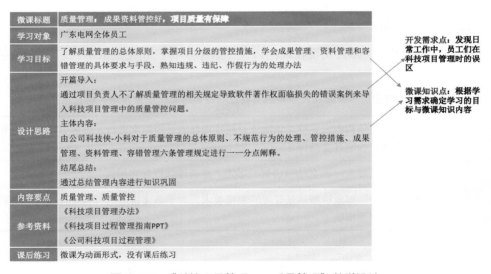

图 4-4-5　《科技项目管理——质量管理》教学设计

在问题点的选择上，在确定微课的主题之前，要对目标受众做调查和分析，如财务人员发现很多来申请报销的员工不知道完成报销需要准备的材料，往往要跑好几次才能凑齐资料，财务人员发现问题后，又调查了其他很多人是否也存在相同的困惑。最后总结发现这个问题会影响大部分人的报销进度，所以财务人员发现的这个问题点就是他们部门迫切需要解决的问题点，也是有效的问题点。

2. 知识点聚焦

专业技术类的微课选题的难点在于知识点切割。因为专业技术类的微课内容来自公司已经成文的管理办法、实施细则，文件内容一般较复杂。如何切分才能让微课比较独立完整呢？

如图 4-4-6 所示的几个专业技术类的管理办法中，我们知道，微课不一定要让学员了解总则、引用文件说明、术语定义、组织架构与职责等内容，而是要着重讲清楚管理的内容和办法。

图 4-4-6　部分技术专业管理办法

从这些管理办法中，通过粗略浏览其内容，可将管理分为流程／节点管理和要素管理两种类型。

流程／节点管理，如项目规划→项目立项→项目实施→项目验收。实施方法有严格的从一到二的顺序。如果每个节点的内容较多，且员工对内容不熟悉，建议将每个节点切分成为一门微课。如果你只想针对员工最突出的问题开发一门微课，则微课知识点中不仅要针对员工的薄弱点进行讲解，还需要在微课开头简介整个管理办法的流程，否则这门微课就显得不完整。

要素管理，如成本管理、进度管理、人力资源管理等。实施方法包含每个要素，且可能每个要素在不同环节中都有涉及。开发微课时也可根据这种思路划分知识点，确定每门微课题目。但你可能疑惑知识点重复的问题：例如一个项目在实施前、实施中、项目完结需要管理成本，也需要管理进度，那么是不是在每种要素讲解时相当于重复讲解多遍"实施前、实施中、项目环节"呢？并非如此，在系列微课中，某门微课提到的内容还是可以讲解的，因为内容的侧重点是不同的，而学习该门微课的学员不一定要学习过前面微课的内容才能理解当前介绍的内容，这就是我们说的微课"独立"。

对于专业技术类的微课选题，我们一般不建议将管理办法事无巨细地讲解，反而可以聚焦目标岗位，限定某一工作人员的职责范围，这样需要学习的内容才不会那么多。

（二）"微"连线

连线是指微课大纲构建、内容整合以及脚本撰写。在这门微课案例中，内容结构完整，讲解逻辑清晰，是如何做的呢？

专业技术类的微课内容在定题目的时候已经能大致确定其主体内容的逻辑了，按照流程环节一步步讲，或者按照要素一点点讲。

但是对于微课开头和结尾，还是能采取一些套路，让专业技术类微课脱离管理办法的"影子"。

1. 大纲搭建

《科技项目管理——质量管理》微课的大纲设计如图 4-4-7 所示。

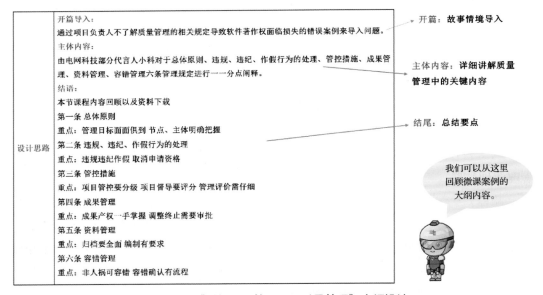

图 4-4-7　《科技项目管理——质量管理》大纲设计

《科技项目要素管理之质量管理》动画微课开发者发现了科技项目成果验收时软件著作权的归属问题存在很大的漏洞，他借助了还原问题的方法，用简短的小故事来导入质量管理的知识要点，如图 4-4-8 所示。小场景展现的是质量管理不过关导致的争吵，项目负责人受到了领导的批评。故事的导入一方面增加了微课的趣味性，另一方面与现实问题联系紧密，问题的代入感很强。这个案例的运用就是脱离管理办法"影子"的体现。

图 4-4-8　《科技项目要素管理之质量管理》动画微课片段——情境导入部分

利用故事导入法或案例导入法在微课中很常见，此外，也有开门见山式、抛出疑问式这些比较直截了当提出微课主题的导入法。我们可以根据内容选择合适的导入法，注意微课导入的时长不宜过长，一般不超过微课的四分之一时长。

2. 内容组织

专业技术类微课内容开发主要是针对管理办法和实施细则进行内容提炼、组织。

开发关于科技项目管理的微课时，找到相关管理办法并不难。有些管理办法甚至在推行时就已经有配套的培训 PPT 了。在直接拿来使用之前，我们需要先确认现有材料是否为最新的制度。因为各种管理办法、实施细则会在实践中不断更新订正，让公司的流程管理更精益化。

接着对内容进行提炼、组织。不要看管理办法的文档很长、内容很多，我们可以调出文档的导航图，仔细阅读，了解整个管理办法的内容框架，同时弄清楚各模块内容的逻辑关系。

然后根据导航，找到质量管理的内容，梳理知识点。如图 4-4-9 所示，这门微课的开发者采用表格形式梳理内容，将大知识点定为一级标题，在一级标题下面梳理二级标题、三级标题。这种梳理需要一定的概括能力。

一级标题	二级标题	三级标题
（1）总体原则	A.管理目标	4个方面（研发目标明确、过程管理规范、成果产出良好、文档资料齐全）
	B.质量门节点	项目开题、计划任务书下达、中期检查、验收
	C.责任主体	项目负责人、项目实施单位和各级科技管理部门
（2）违规、违纪、作假行为的处理		取消申请或参与申请科技项目资格
（3）管控措施	A.项目分级管控	2个维度（重要性、研究风险）
	B.项目督导	技术督导、财务督导；评分标准
	C.项目管理评价	需要问责的情况（7种）；管理评价扣分（9种）
（4）成果管理	A.指标分解	
	B.知识产权布局策划	
	C.目标及内容调整	
	D.项目终止	
（5）资料管理	归档资料及其编制要求	
（6）容错管理	A.容错的必要条件	4个（没有谋取不正当利益；没有失职渎职行为；没有造成重大安全及人身事故；及时发现问题，积极主动挽回损失）
	B.允许容错形式	4种（不可抗力因素；国家政策调整、外界环境变更；技术难度大，无法攻克；较大技术难度，没有成熟借鉴，已经过详细论证）
	C.容错方式与流程	2类（项目进行中；项目验收后）

图 4-4-9　《科技项目要素管理之质量管理》内容梳理

通过梳理，将员工已经熟悉或不必了解的知识点省略，对于员工常犯错的知识点考虑补充案例或举例深入讲解等。

对复杂材料的梳理有什么小窍门呢？

（1）梳理材料关系。有多份材料时，先明确这些材料是否为最新的内容，对材料进行分类：相同内容的不同形式（例如不同的文件形式）；作为补充说明的材料；不同条件下不同的实施办法，等等。找出微课目标所需内容的相关资料。

（2）先看框架而非具体内容。当拿到一份材料时，有些人习惯一条一条细读，课件开发中，这种做法会很耗时。尤其是我们不熟悉的内容，理解起来更难。因此，先看原材料的目录，整体把握内容可以很快梳理出你的微课知识点逻辑关系。

（3）看学习需求增删内容。原材料内容一般都较多，一定不能原句复制，只能提炼重点内容。但针对管理流程中出现的特殊情况、特殊问题，可以考虑补充相关案例，让学员在观看微课时对抽象流程具体化。

3. 脚本撰写

动画微课《科技项目要素管理之质量管理》通过案例导入，提出科技项目管理中质量管理的重要性，然后借"科技侠"来介绍相关的管理措施，最后由"科技侠"进行该门微课的内容总结，教育员工做好科技项目管理。

如图 4-4-10 所示，我们来看看这门微课的脚本是怎么写的。

左侧批注：
- 故事型脚本需要详细生动地描述人物的表情神态
- 分析案例，巧妙从案例过渡到管理办法的内容
- 总起全文，简介微课内容
- 语言对仗，朗朗上口
- 类比说明质量管理节点的重要性
- 接地气的语言，通俗易懂
- 图示直观讲解
- 提炼内容要点
- 及时对定义概念进行补充说明
- 歇后语或俗语的运用让小科的讲解更人性化

页面标题	脚本内容	录音	设计手段
	第三节 质量管理《成果资料管控好，项目质量有保障》		
学习目标	《科技项目要素管理之 第三节 质量管理》的主要内容有：**质量管理的内容和措施**	小科	图文动画
	质量管理的重要性在哪里？让这个案例告诉我们吧。	小科	优化
案例导入	（生气、愤怒）你们这个项目成果管理怎么做的？软件著作权应该归属于供电局才对。	老李	情景动画
	（茫然、紧张）当初合同签的是专利权我们甲乙双方共有啊……	小张	
	（更加生气）你再想想，当初招标文件怎么描述的？招标文件合同范本确认了是我们局里独有。	老李	
	（紧张、心虚）那现在去联系乙方公司协商还来得及吗？	小张	
案例分析	从这个案例中我们能得到什么教训？知识产权申请时，项目相关管理人员把关不严，没有认真严格遵循合同范本签订合同，导致软件所有权被共享，致使无形资产被共享，形成损失。所以，应当加强相关文件学习和内部沟通协调，认真审核合同文本，确保合同与招标文件范本一致并保证企业利益。	小科	图文动画 优化
要点内容	学完这节课，你可以了解质量管理的总体原则，掌握项目分级的管控措施，学会成果管理、资料管理和容错管理的具体要求与手段，熟知违规、违纪、作假行为的处理办法。就要成为质量管理小能手了，想想还有点激动呢！	小科	
	第一条 质量管理的总体原则		
第一条 质量管理的总体原则	要想质量管理做得好，高屋建瓴少不了。你知道质量管理的总体原则包括哪些方面的内容吗？管理目标、质量门节点、管理责任主体，哪一项都不能少。	小科	图文动画 优化
管理目标	质量管理，要做到四个目标：研发目标明确，过程管理规范，成果产出良好，文档资料齐全。	小科	
质量门节点	投资项目入库审批、项目计划任务书下达、项目开题、中期检查、验收是科技项目管理的"质量门"节点。对过些质量关，及格只是底线，满分通关才是最终追求！	小科	
管理责任主体	"质量门"管理责任主体是项目负责人、项目实施单位和各级科技管理部门，各责任主体应严格遵守本管理办法的管理要求，严把质量关。	小科	
	第二条 违规、违纪、作假行为的处理		
第二条 违规、违纪、作假行为的处理	那么质量关的"BOSS"有哪些技能？在项目中弄虚作假，经费使用违规、违纪等行为的取消申请或参与申请科技项目资格，一招 KO！	小科	图文动画 优化
	第三条 管控措施		
第三条 管控措施	大招打倒质量关大"BOSS"，日常质量管控有哪些"技能"呢？项目管控、项目督导、项目管理评价"三剑客一出手，就知有没有。	小科	
	首先是项目分级管控。公司科技部根据任务书审查、中期检查及定期报告质量等开展项目管控等级评估，评估包含 2 个维度，主要包括： 一、**项目重要性**，主要根据项目总投资及其是否重点项目确定。 二、**项目研究风险**，主要根据团队技术实力、管控能力及团队执行力确定。	小科	
项目管控	评估过后如何管控呢？小科给你画个表，就一目了然啦！	小科	
	一级重要风险高，专人跟进度，周周要报告，一年督导一到两次 二级重要风险低，每月看进度，周周要报告，督导一年有一次 三级非重风险高，进度每季度，每月要报告，督导要检查 四级非重风险低，进度要抽查，每月要报告，不需督导	小科	图文动画 优化
	也许你会对图里的生词"督导"感到疑惑，由小科来为你解释	小科	
项目督导	●项目督导分为技术督导和财务督导，督导按各专业领域组织，应包含技术和财务专家，专家组组长采取回避制度。 ●督导专家的工作是这样的 2 项工作基础：审阅项目材料；听取汇报 2 项检查目标：项目研究进度，财务支出情况	小科	
	6 项评议维度：组织管理；资料准备；研究进展；完成质量；考核指标完成；经费使用 1 种工作方式：填写项目督导评议表并打分		
	另外，项目管理评价作为项目实施单位立项评审及奖励评审的参考依据。一旦撞上了 7 种问责、9 种管理评价需扣分的情况，可是要接受处罚的	小科	
	第四条 成果管理		
第四条 成果管理	一路跋山涉水搞科研，到了收获时候，可不能狗熊掰棒子似的，捡了这个丢了那个，那就太可惜了。快来跟小科学习怎样进行成果管理吧！	小科	
指标分解及管控	课定而后动，成果管理也需要准备工作。什么？你说没出成果不知道该管什么？这个问题答不上来，小科要罚你回去重修"设计阶段"课程了！项目任务书里可是包含了研究目标和预期成果的。 成果管理的准备工作由项目组负责，需要按照计划书明确的研究目标和预期成果，做好各项成果及指标的分解和管控，提前做好专利申请、论文发表、标准申请等工作，确保完成预期目	小科	

图 4-4-10 《科技项目要素管理之质量管理》脚本内容（一）

左侧批注：

引入特殊情况的讲解方法：设疑解答

此处对于重要的项目文件重点说明

非重点的课程内容或细则较多的可以设计一览图或二维码作为拓展知识供学员了解

微课知识要点口诀化，便于学员巩固和记忆

知识产权布局	知识产权是科研项目中重要的成果之一，保护知识产权就是鼓励创新、保护生产力。为了避免这种损失，提升项目成果、掌握核心知识产权，项目组可根据项目研究目标和预期成果，明确项目创新点和需要保护的核心技术，并做好知识产权布局策略。	小科	图文动画优化
研究目标调整	遇到了客观困难，无法实现原定目标、产出预期成果怎么办？别担心，项目组可以申请研究内容或预期成果调整： ●项目组向本单位科技管理部门发起申请 ●科技管理部门组织专题的专家评审会，形成专家评审意见 ●根据专家评审意见，填写《科技项目调整申请表》，正式行文向公司科技部申请调整 其中，一般项目由公司科技部批准，重点项目由网公司科技部批准。	小科	
项目终止	因客观原因造成项目无法继续实施，可申请项目终止。 ●项目组编制详细的项目终止报告向本单位科技管理部门申请 ●科技管理部门组织专题的专家评审会，形成专家评审意见 ●根据项目终止报告和专家评审意见，填写《科技项目调整申请表》，正式行文向公司科技部申请调整 其中，一般项目由公司科技部批准，重点项目由网公司科技部批准。项目批准终止后，项目单位科技管理部门联合审计部门开展项目审计工作，形成项目审计报告。	小科	
第五条 资料管理			
第五条 资料管理	又到了项目归档的时刻，是不是看看浩如烟海的材料头都大了？别着急，让小科告诉你。	小科	图文动画优化
	科技项目归档内容总共有八项： 前期库申请表和建议书；项目可研报告；项目批文；开题报告及评审意见；计划任务书；招投标文件；合同及相关文件；中期报告及评审意见；科技项目调整申请表；项目验收资料；科技项目结算表	小科	
	其中，项目验收材料包括十二项具体内容： 工作总结报告、技术总结报告、第三方测试材料、知识产权证明；外委合同经费支出明细表、项目经费支出情况表、项目经费审查意见、验收申请表；项目财务验收报告、项目财务验收报告评审意见、项目验收情况检查表、项目验收证书。	小科	
	在材料的收集、整理及编制过程中应保障真实性。 针对开题报告、中期报告、工作总结、技术总结四项文件，分别由这具体编制要求，我们一起来看看吧！	小科	
第六条 容错管理			
第六条 容错管理	研发过程漫长，可能遇到各种各样的情况，万一犯错了怎么办？我们还有容错机制。	小科	图文动画优化
容错必要条件	首先要明白，容错是有必要条件的： 没有谋取不正当利益； 没有失职渎职行为；	小科	
	没有造成重大安全及人身事故； 及时发现问题，积极主动挽回损失。		
允许容错情形	其次，也不是所有错误都可以"容错"，允许容错有以下情形： 不可抗力因素； 国家政策调整、外界环境变更； 技术难度大，无法攻克； 较大技术难度，没有成熟借鉴，已经讨论详细论证。	小科	
容错流程	至于容错流程，小科再念念叨叨的你们就要头大啦！快到课程回顾去下载详细流程看一下吧！	小科	
本节课程回顾			
本节课程回顾	第一条 总体原则 重点：管理目标面面俱到 节点、主体明确把握 第二条 违规、违纪、作假行为的处理 重点：违规违纪作假 取消申请资格 第三条 管控措施 重点：项目管控要分级 项目督导要评分 管理评价需仔细 第四条 成果管理 重点：成果产权一手掌握 调整终止需要审批 第五条 资料管理 重点：归档要全面 编制有要求 第六条 容错管理 重点：非人祸可容错 容错确认有流程	不录音	图文动画优化
	【二维码下载提示】 本节有一份资料可供下载，7问责9扣分清单。请扫码查看，保存学习。		

图 4-4-10 《科技项目要素管理之质量管理》脚本内容（二）

这门微课属于直接讲述型，在脚本撰写中，为了避免讲述过程中语气生硬，语言处理上采用了设疑解答法，构建了"科技侠"与观众对话的情景。"科技侠"提出的设问正是学员在工作中常遇到的问题或管理中的特殊情况，这一问句不仅可以引发学员提前思考，还可以起到提醒作用，告诉观众或学员接下来的内容较重要，需要学员特别关注。

（三）"微"成面

微成面指的是从视觉、听觉层面对微课进行设计包装。该微课的亮点特色在于使用"科技侠"作为主讲人，让课件更生动有趣。知识点的可视化程度高，用色彩对比技巧实现内容传达。下面一起详细学习。

1. 视觉面设计

在视觉面上，这门微课的设计亮点体现在排版简洁、图文可视化两方面。专业技术类微课涉及的要点很多，排版的重要性不言而喻，如何将要点清晰地呈现出来，这是微课开发者在设计中必须考虑的问题。

在微课案例《科技项目要素管理之质量管理》中，微课开发者的设计排版很好，如图 4-4-11 所示，动画中文字部分一级标题用大写加粗的白色字体，二级信息文字过长便进行分行呈现，第一层级的标题与第二层级的标题大小对比明显，颜色也对比明显，方便辨认和识记。

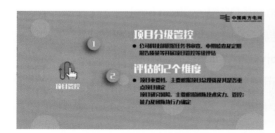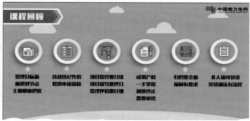

图 4-4-11 《科技项目要素管理之质量管理》各级标题设计

在知识点的呈现中，有明确等级和年份区别的信息可以通过表格来呈现，通过表格让学员对不同程度或者不同时期需要注意的要点有清晰的比对，如图 4-4-12 所示。

在进行知识点的传达时，每一个要点可以用不同的色块来进行区分，一方面显得清晰简洁，方便区分，另一方面有利于画面的丰富和美化，如图 4-4-13 所示。

图 4-4-12　表格呈现示例

图 4-4-13　色块分区示例

该微课开发者对于颜色的选择、文字的排版把握得很好。选择的底色是蓝色，符合南方电网的主题形象，因此在上面添加文字时选取白色、黄色等对比颜色突出显示。

2.听觉面设计

（1）在听觉方面，微课开发者在背景音乐和配音的选择上要符合主题。

首先是背景音乐，微课开发者选择的是轻松愉快的轻音乐，可以使动画显得更加明快，缓解专业技术内容学习的枯燥感，轻松愉快的配乐给人心情舒畅的感觉。

可以在以下网站中搜集背景音乐。

1）配乐网：http://www.peiyue.com/。

配乐网拥有各类影视配乐，包括电影、电视剧、各种动画片、广告片、企业宣传片等，适合于专业的影视作品的配乐。

2）站长素材：http://sc.chinaz.com/yinxiao/LOOPJingXuan.html。

站长素材网拥有大量的多媒体素材，包括图片、音效、各类模板等。

3）天韵之声：http://www.tyzspy.com/bjyy-36-1.html。

天韵之声主要拥有多媒体出版物（有声读物、范文朗读、电子教学课件、培训软件的语音录制）与教学类（英语教材、电子图书、电子词典、学习机、各类语音IC系列的语音录制）等声音素材。

4）PPT之家（背景音乐）：http://www.52ppt.com/music/。

提供免费的开场音乐、暖场音乐和终场音乐下载，让微课更具有感染力。

（2）配乐的注意事项如下：

1）音乐的主题和微课的主题应保持一致，至少不能差距太大，例如针对一个严肃主题的微课，背景音乐采用搞笑歌曲，是不是太不合适？微课的配乐首先要明确情绪动机，这是给微课配乐的第一步，微课开发者首先要知道自己想要传达一种什么样的情绪，是类似节日情绪的一种温暖、煽情的感觉，还是公司宣传片中想要表达的气氛轻松的那种感觉？还是工作遇到麻烦时那种紧张的感觉？所以在后期剪辑的时候，需要认真感受，微课的主题情绪，是否通过配乐表达了出来？

2）背景音乐声音不能太大，因为太大会盖过旁白或对白声音，会影响学员的观看。不要让背景音乐太抢戏，因为配乐的最理想效果就是让你感觉不到配乐的存在。

人物角色对白的配音应抑扬顿挫，与学员有互动，情绪饱满，十分有感染力。对于配音的选择要注意以下一些要点：

（3）录音的注意事项如下：

1）硬件设施与外部环境部分：

①妥善安置录音设备。

a. 话筒应尽量靠近嘴巴的位置，方便收音，同时保持舒适的站姿或者坐姿；

b. 把录音设备安放在一个固定的位置上，例如桌面（如高度不够，可在下面垫一些物品），最好不要手持录音设备，因为我们的身体会移动，可能影响录音效果；

c. 不要让嘴巴正对着话筒位置，发声时的气流与话筒冲撞会产生气流冲击声，造成喷麦音。

②选择一个合适的录制环境，保持录音背景安静。

如果需要把微课制作得较精良，并且有充足的资源与条件，建议找专业的录音棚，如果不具备上述条件，可以就近在家或办公室选择放有较多家具又狭小的房间。狭小的房间回音小，录出的声音比较干净。木制家具可以吸收声音，避免回音，如果房间没有家具，可以放一些类似被子的棉织品。最重要的是尽量保持安静的录音环境，避免录入杂音。

2）录音者个人准备部分：

①录音前要调整好自己的气息和心理状态。

在正式录音之前可以多练习一下发声，声音要尽量大一些，声带保持放松状态，调节自己的声音和状态，同时做好心理建设，想象你在和你的听众互动沟通。

②注重重音变化，掌握适中的语速。

优美的声音讲究抑扬顿挫和韵律感，在录音过程中要注意重音变化，包括重读、轻读和停顿等各种方式。同时要保持适中的语速，一方面能让听众听懂你的意思，另一方面让人觉得你的语言不拖沓。

③使用标准的普通话。

录音时要充满自信，吐字清晰，发音准确，尽量用标准普通话，有助于增强课件的专业性，根据你的目标受众以及所讲述的内容、题材，为了增强某些特效或幽默感，也可以适当地加入一些方言。

配音之前要确认自己的文本，熟悉所有的配音文字部分，确保没有不认识的字和朗读的错别字，要保证语句的通顺，对于画面中有特别情绪的说明要酝酿好情绪，如生气、疑惑等情绪，例如案例导入部分，员工与领导遇到问题时生气和慌张的配音就给人真实的感觉，非常有代入感和剧场化。配音时为了很好地展现人物身份，配音员要把情绪融入到台词中去。

第三节　专业技术类微课提升方向

专业技术类的微课多采用保守的讲解风格，在课题规划、内容处理、设计风格上具有一定的单调性，容易让学员产生审美疲劳。鉴于此，微课开发者可以从以下几个方面进行提升：

一、内容提升：平衡与精炼

专业技术类知识点设计内容散乱，使得微课内容较多，开发者容易感到无从下手处理，进而使得微课篇幅过大，给学员造成莫大的学习压力。对于专业技术类微课，开发者需要平衡"微"与"内容多"的问题，使知识点颗粒度符合微课开发需求，表达精炼且完整。

在内容处理上可从以下几点进行提升：

（一）提升语言凝练能力

开发者要学会用最简洁的语言、最高效的方式阐释微课的学习内容，去除不必要的铺垫，避免冗长的过渡，从而保持紧凑的节奏，尤其是针对本身知识点偏多却不适合额外切分的微课。

首先，梳理资料时提炼关键词。例如文件材料中提及"申报人员工作年限需要达到××年，获得××资格"等一长段话语时，可提炼出该部分内容为"申报要求"，细分下去是"工作年限要求""获奖资格要求"。梳理资料时把握的是标题而非具体内容，这样在整合撰写的时候才不会陷入内容细节中，导致开发者认为所有知识点都必须放入微课。若是如此，没有主次概念，则微课讲解时长会超过 5 分钟。

其次，课件结构上精简。虽说微课可以设置故事剧情使学习富有趣味。但是，微课学习还是要以内容为主，知识点表述到位是首要任务。专业技术类微课的管理流程较复杂时，可以先设计一门直接讲述型微课，把基本内容讲解清楚，再设计应用案例演示等包含剧情故事的微课。直接讲述型微课的优势在于开门见山式的导入，直奔主题，体现明确的学习目的，对于真正有该主题学习需求的人来说更直接明了。直接讲述型微课与案例故事型微课并无好坏之分，知识内容与形式匹配才是关键。

（二）善用修辞手法处理

利用比喻手法，可将陌生、枯燥、繁杂的知识转变成熟悉、浅显、生动且富有联想性的内容，从而让知识更容易被接受、理解。

在微课《如何避免客户投诉》中，开发者将客户投诉的原因以冰山为载体进而分析，学员在了解冰山的基础上，更容易接受开发者通过冰山所阐述的投诉原因分析及解决方式。

二、形式提升：课件交互学习

微课的交互性是微课的一大特色，然而囿于专业技术类内容的知识点较分散的特点，专业技术类微课在交互设置上略显薄弱。开发者在选题规划阶段，可以通过交互设置将散乱的知识点串联起来，并让学员自己操作进而加深学习印象。

如果想要向员工介绍电网企业技术岗位的职业发展通道，可以通过游戏设置，让学员更能在娱乐之时便将知识点牢记于心。但游戏开发要求开发者具有一定的专业能力，这在一定程度上局限了开发者探索新形式的想法。但是，开发者可采用"视频＋游戏"的方式呈现微课。将游戏中的玩法以视频展现，让学员在体验游戏的同时也能学习到有用的知识。

在微课《勇闯职崖》中，开发者将游戏玩法借由故事中主角进行游戏交流时陈述出来，陈述内容即是微课的学习内容，虽未有交互，却达到了交互的作用，让学员能在微课中习得知识，获得乐趣，如图 4-4-14 所示。

图 4-4-14　视频＋游戏结合示例——微课《勇闯职崖》

此外，对于知识点内容较多的情况，还可以另外制作配套的 H5 或图文微课，附在视频或动画上，让学员扫描二维码观看更详细的内容。

附录 A 微课开发表单

表一：锁定需求点				
需求点		判断	明细	说明
挖掘需求	1. 重点			岗位能力要素
	2. 痛点			不会、不顺、不方便、做错、容易错、资源浪费
	3. 热点			新变革、新提倡
验证需求	新课创建			学习地图、课件清单里没有
	旧课优化			原有课程陈旧、质量不佳

表二：锚定目标点		
操作	明细	说明
1. 锚定受众		细分岗位人群，明确该微课的目标学员
2. 锚定任务场景		细分工作任务，明确该微课的主要内容
3. 初拟题目		明确课微课基本题目，暂不需包装润色
4. 撰写目标		ABCD 目标编写法

表三：聚焦知识点				
1. 微课类型	技能实操类□　专业技术类□　通用管理类□ 党性修养类□　文化理念宣贯类□			
2. 知识点	知识类型		明细	颗粒度判断
	原理解释		知识点 1 知识点 2 知识点 3 ……	是否不超过 5 分钟□ 是否完整□
	流程步骤			
	方法技巧	✓		
	案例故事	✓		
3. 微课形式	图文（含漫画）□　H5□　动画□　视频□			

表四：梳理逻辑线			
大纲类型		明细	说明
层级分析法	解释说明		是什么→为什么→怎么办
	问题推导		描述问题→分析原因→解决问题
流程分解法		✓	工作前准备→工作过程→工作终结
分类说明法			类型 / 情况一→类型 / 情况二→类型 / 情况三→……
场景演示法			案例描述 / 演绎→案例分析→正确措施→总结启示

表五：组织内容线					
大纲类型	框架模块	知识点	讲解方式	所需资料、素材	验证内容
层级分析法□ 流程分解法□ 分类说明法□ 场景演示法□		知识点 1	直接讲述 □ 举例 / 演示□	□原理依据 □案例故事 □政策制度 □技术指标 □作业流程步骤 □图片、音视频 □相关数据	正确性□ 必要性□ 完整性□ 针对性□ 可复制□ 完全挖掘□
		知识点 2	直接讲述□ 举例 / 演示□		
		……	……		

表六：微课脚本表单				

微课题目：

微课形式：　　　　　　开发者：　　　　　　　　　　审核人：

学习目标：

学习对象：

大纲类型：层级分析法□ 流程分解法□ 分类说明法□ 场景演示法□

脚本说明：（此处填写微课创意构思或故事梗概、拟定时长、制作注意事项等）

页码 / 镜号	录音角色	脚本正文	场景 / 画面描述	制作要求 / 突出内容

附录 B　微课设计技术规范

	图文微课	H5 微课	视频微课	动画微课
字体规范	常用正文字体：微软雅黑、黑体 一级标题：30 号字加粗 二级标题：28 号字 正文：24 号字 行距：1.3 或 1.5 倍		常用字幕字体：微软雅黑字号应不小于 24 号，每行一般不超过 16 个字	
尺寸规格	宽在 480 ～ 960 像素，长度由内容量自行确定	H5 设计工具自行设定页面，与移动端观看页面相适应。使用 PPT 排版 H5，竖版幻灯片一般设置为宽 18 厘米，长 28 厘米	分辨率比例为 16：9 时，分辨率不低于 1024×576，建议采用 1280×720 或 1920×1080	动画的舞台尺寸若采用 4：3 比例，则其尺寸一般不低于 800×600，建议采用 1024×768 或 1280×1024。动画尺寸采用 16:9 比例时，尺寸一般不低于 1024×576，建议采用 1280×720 或 1920×1080
输出格式	大小：不超过 5MB； 成品格式：JPG 或 PNG	源文件格式：课件包，符合 Scorm 标准；成品文件格式：生成二维码或网页链接	输出码率：1024 ～ 2048 Kb/s；输出大小：移动端学习时不超过 100MB，以 50MB 左右为宜。上传微信公众号时不超过 20MB。主要应用于 PC 端学习的微课大小可根据清晰度要求进行适当增加；成品文件格式：建议采用 H.264 及以上的格式编码，视频格式为 MP4	输出码率：输出视频动态码流为 1024 ～ 2000Kb/s；输出大小：移动端学习时不超过 100MB，以 50MB 左右为宜。上传微信公众号时不超过 20MB。主要应用于 PC 端学习的微课大小可根据清晰度要求进行适当增加；成品文件格式：建议采用 H.264 及以上的格式编码，视频格式为 MP4
音频	/	标准普通话，语音清晰，无明显杂音，音量适中，采样频率不低于 22.05kHz、16bits，解说声与背景音乐无明显比例失调，语速为 200 ～ 240 字 / 分钟		

附录 C　微课设计工具推荐

图文制作工具：

功能	创客贴	微课小助手	秀米	PS
LOGO				
操作难度	☆☆	☆	☆☆	☆☆☆
设计自由度	☆☆☆☆	☆	☆☆☆	☆☆☆☆☆
内置模板	免费，模板较丰富，部分需付费	免费，模板较少，模板风格特色分明	免费模板丰富，模板分类明确	无
内置素材	素材丰富，包括表单、表情包、人物、装饰等，素材精美	无	表单、贴纸等，素材够用	无，需要自己搜集素材
文字编辑	可更改字体、字号、颜色等	可设置颜色、字号、对齐等基本操作	字体样式少，可设置颜色、字号等	可自行设计字体、颜色、特效等
画面编辑	操作简单，自由组合、设计	操作简单，模式单一	画面操作简单，可更改排版设计	只提供操作界面，专业性强，需自行设计
素材上传	可批量上传图片素材至该网站	逐个上传至APP	可批量上传图片，图片大小在3M以下	不限图片大小，可一次性导入图片进行批处理
输出格式	可导出PDF、JPG、PNG格式	JPG	JPG	输出格式多样，如PDF、JPG、PNG、MPO等
下载/使用地址	https://www.chuangkit.com/	广东电网网络教育公众号内点击"微服务"即可下载	https://xiumi.us/#/	https://www.adobe.com/cn/

动画制作工具：

功能	万彩动画大师	PPT转动画
LOGO		
操作难度	☆☆☆☆	☆☆
设计自由度	☆☆☆☆	☆☆
内置模板	免费，模板较丰富，部分需付费	无
内置素材	素材丰富，包括场景、动画角色、SWF、气泡等多种元素	使用PPT内置素材，或借助插件
动画类型	2D	2D
画面编辑	自由编辑	利用PPT自带的动画效果设置或可借助插件进行
素材上传	可批量导入图片、音、视频文件	可批量导入图片、音、视频文件
输出格式	支持MP4、MOV、WMV、AVI、FLV、MKV多种格式导出，还可生成透明通道视频 注：非会员导出的视频清晰度低	MP4
下载/使用地址	http://www.animiz.cn/	https://products.office.com/zh-cn/powerpoint

H5 制作工具：

功能	炫课	易企秀	兔展	来做课
LOGO			兔展 RabbitPre	知鸟
操作难度	☆☆☆	☆☆	☆☆	☆☆☆
修改加载LOGO和尾页版权	免费（注册申请设计师）	付费	付费	付费
内置模板	分免费和收费两种，免费模板有限	分免费和付费，都很丰富	分免费和付费，都很丰富	分免费和付费，都很丰富
内置素材	分免费和收费两种，免费素材有限	分免费和付费，都很丰富	分免费和付费，都很丰富	分免费和付费，都很丰富
文字编辑	√	√	√	√
画面编辑	√	√	√	√
素材上传	可像PPT导入文件一样导入图片或音、视频素材	可插入本地音频，图片，只能导入网页视频	支持批量上传图片，单次最大上传20张；有音乐素材库，并可以上传本地视频；只能导入网页视频	支持网页、本地上传及手机拍摄视频；支持批量上传图片，单次最大上传10张；支持本地上传音频、手机录音，文字转语音
交互功能	可通过设置鼠标点击、显示、隐藏等动作设置交互效果	显示及隐藏动作不完善	有扩展功能，如地图导航、留言、一键拨号等	拥有表单、动态人物场景
输出格式	可生成二维码及作品链接，企业VIP用户可导出Scorm离线包	可生成二维码及作品链接	可生成二维码及作品链接	可生成二维码及作品链接
下载/使用地址	http://www.xuanyes.com/	http://www.eqxiu.com/	http://www.rabbitpre.com/	http://www.zhi-niao.com/index.html

视频制作工具：

功能	Camtasia Studio	掌上学院——微课工具
LOGO		
操作难度	☆☆☆	☆
设计自由度	☆	☆
内置模板	无	无
内置素材	无	4个封面图供选择
文字编辑	可设置颜色、字号、对齐等基本操作	无
画面编辑	可自由剪辑视频，简单处理音频，添加画面标注、光标效果等	拍摄前可选择时长，拍摄时可切换前后置摄像头拍摄，前置可设美颜，完成后不能编辑
素材上传	可批量导入视频文件	可逐个上传图片
输出格式	MP4视频格式	生成二维码分享
下载/使用地址	https://www.techsmith.com/video-editor.html	掌上学院APP内点击微课工具即可开始制作

微课以其个性化、轻量化的特点给"互联网+"时代下的电力企业培训带来更多自由发挥的空间。

对于员工而言，微课能更好地满足员工对不同专业知识点的个性化学习需求，既可查漏补缺，又能强化巩固知识，是对传统授课培训的重要补充，为员工知识拓展提供了便捷的学习资源。随着无线网络及移动智能手机的普及，基于微课形式的移动学习特征更为凸显。移动学习成为新生代员工更喜爱的学习方式，高效利用碎片化时间学习的理念深入人心。

对内训师而言，微课革新传统培训方式，突破了教师听评课的固有模式。微课凝练聚焦的知识点讲解、创意多样的表现风格为内训师的培训提供了丰富的创意来源。作为企业内具备专业授课经验、课件教材开发经验的员工，内训师利用微课辅助培训，可大力提升培训授课实效；内训师参与微课开发，可助力企业微课培训体系建设，提供更多专业性强的微课资源。

对于企业组织而言，通过经验萃取将员工的宝贵实践经验快速地沉淀下来，凝结成为组织经验，以微课的形式有效传承。其随学随用的特点，能提高企业培训效率，节约人才培养的成本。此外，微课内容轻量，开发周期短，为企业知识快速更新迭代提供便利。不断更新利用的微课件资源也将促使微课成为企业培训的首选模式。

人人为师　众创微课

自从"微课"进入企业培训领域，建设微课学习资源库、完善微课培训体系成为各企业培训部门工作的重点。但由于微课开发的复杂性，要求开发者需要具备课件内容设计、美工排版设计等综合能力，因此多数企业培训组织部门通过与外部专业的课件供应商合作的形式批量开发微课。课件供应商们设计的微课虽然具备科学的逻辑架构、合理的教学设计和美观的画面呈现，但仍有美中不足之处：内容不贴切，专业性不足。造成该问题的原因有两点：首先，文化共鸣难形成。每个企业都有其独特的文化，每个部门也有其特定的氛围。让外部供应商开发课件，虽然他们通过前期需求调研及沟通能理解该企业、该部门的文化特点，但将这些隐性的特色融入微课时总会显得生硬。因此微课会让人感觉"这些内容不像是我们内部的人写的"，或者"我们内部的人不是这样说话的"。其次，专业经验难萃取。微课的针对性强，一门微课可能仅面向某一岗位的员工，因此萃取知识点形成微课内容意味着开发者需要萃取该专业领域最核心的经验知识，传达给学员。而掌握这些核心经验的人正是企业内的资深员工及专家。课件供应商需要充分挖掘专家经验才能让微课足够专业，否则微课只会成为一门缺少"干货"的知识介绍，而非切实的指导或教授。员工知识面始终停留在基础认知层面，培训效果会大打折扣。

因此，微课开发"内容为王"，而专业内容的有力创造者正是企业内部员工。

近年来，广东电网公司通过微课作品评选、微课训练班等多个活动，激励更多员工参与微课开发。在广东电网公司 2017 年的精益安全杯微课作品评选活动中，900 余名员工直接参与微课制作，活动累计获得 190 万人次点赞。活动的举行，不仅能让更多员工剖析本岗位的专业问题，深刻理解岗位职责与能力要求，还能学习到更多对软件工具的应用。在微课开发中，员工既是传授者，也是学习者。大家想方设法挖掘有价值的课件知识的同时，也不断在学习并内化为自己的知识。由于对知识点有透彻的理解，加上熟悉本岗位业务情境，员工开发的微课更贴近电网员工实际，容易与电力企业的学员拉近距离，因此微课的实用性大幅提升。微课评选活动营造的全员做微课的良好氛围得以延展，在此后的班组培训中能继续传承。

首先，众创微课的形式实现了电网企业管理者和业务骨干的经验"总结、提炼、迭代、传承"，形成广东电网的动态智慧系统。其次，基于业务场景针对具体问题和特定人员开发课程，内容精炼，有效帮助部门提升绩效。电网企业中人人为师，员工成就感普遍提升，实现群策群力，建设起自下而上的、效用更大的企业学习组织。

缤纷创意　个性建设

在微课作品评选活动中，我们发现很多员工都具有极强的创造力及无限的创意思维。例如有的学员将游戏融于微课当中，让微课更加"好玩"，有的则将四大名著中的人物设计为微课主角，让微课显得更加立体，吸引学员的学习兴趣。

因此，为了让更多员工将创意及创造力展现出来，本书在微课开发上给予众多初识微课的员工科学的方法指导，在撰写时结合了员工开发微课的实践经验，帮助学员在开发过程中更好地掌握方法技巧，争取让每位员工都能成为微课开发专家。

但是，微课开发方法也并非严肃的条条框框，开发理论及方法技巧不能穷尽所有，而创意和畅想的空间是无限的。

开发微课之前，许多员工说自己没学过设计，肯定做不出好微课；有员工说自己经验不足，没有资格教别人；还有员工甚至不了解微课，不知道课件的呈现除了 PPT 外还有其他形式。但最后他们不断学习、摸索，从参考到创造，完成的微课成品完全可以媲美专业课件供应商的制作。

只要热爱微课，对微课开发怀抱热情，每个人都能在"点线面"微课开发方法的基础上发挥创造力，灵活多变地应用工具进行个性化的微课设计。电网企业的微课资源库也将被众多体现开发者个性、具有独特创意的微课所填充！

平台涌现　百课绽放

电力企业微课资源完善，离不开平台支撑。在线学习平台不仅为优秀的微课作品提供智能化的使用载体，还为微课开发者、学习者搭建起交流互动的桥梁，让微课的开发、应用和更新形成良性发展。

为了让企业员工便捷地获取专业微课、慕课，广东电网公司搭建起了集 PC 端、手机 APP、微信公众号"三位一体"的互联学习平台，如图 1 所示。

广东电网微信公众号学习平台"广东电网网络教育"（以下简称"广东电网网络教育"）以 M-Learning 及 U-Learning 学习理念和学习行为为基础，在理念、内容、访问终端三个层面对员工学习进行全面扩展。微信平台在功能与业务上和"广东电网 MOOC 学堂""广东电网掌上学院"实现无缝对接。通过基于微信公众号的开发，可以实现微信和"掌上学院"的业务关联，增强员工学习体验，加速移动学习项目的推广和应用。

图 1　广东电网"三位一体"学习平台——微信公众号、掌上学院、MOOC 学堂

　　"广东电网网络教育"微信平台践行"以岗位胜任力为核心，实现分层分级管理"总体指导思想，按照"统一建设规划、分级管理维护、专业协助运营、平台高度共享"的原则，由省培评中心统一规划建设，各级单位共享应用和功能，结合实际培训开展日常内容管理。

　　目前"广东电网网络教育"微信平台定期推送各单位培训动态、竞赛考核动态及员工"大练兵、大比武"消息。此外，还针对公司内的培训情况，推送不同的学习专栏，如"安规学习""党建专栏"等。功能栏中的"微学习""微服务"都能直接链接到"掌上学院"APP 和"微课小助手"APP，学习微课与开发微课两者皆有。

　　"掌上学院"作为移动端的在线学习平台，为广东电网公司的员工提供在线培训咨询、精品课程推荐、在线学习提醒、考核测试题库等，还有视频直播课程、专家名师实时交流等功能，让员工体验更好的在线学习。

　　"MOOC 学堂"作为 PC 端的在线学习平台，其功能与"掌上学院"相似，平台中集成了系统化专业知识、技能实操示范、情景化问题解决方案等丰富的精品微课，学员可以随时随地进行学习，实现教学"零距离"。平台中，视频、直播课程涉及面广，更有专家名师在线交流，还提供了海量的题库帮助学员测试提升。

　　"掌上学院"和"MOOC 学堂"系统会保留学员的学习进度或练习信息，方便学员再次打开时能继续上次学习的进度。并且在每门课程下方都有设置一个"评论区"，学员可以通过这个渠道与其他学员交流学习心得或向开发者讨教微课开发技巧，进而提升自己，如图 2 所示。开发者也可以通过这个渠道收集其他人对自己微课的建议，不断完善。

图 2　PC 端与 APP 的评论区（一）

图2　PC端与APP的评论区（二）

在多平台支撑的开放性交流学习环境下，广东电网公司内形成了浓厚的微课培训、微课学习氛围，微课质量不断优化，电网课件资源库不断更新完善，实现培训系统最优化。

在此契机下，广东电网还在不断建设微课开发小工具，让员工自主开发微课实现"零门槛"。在微信公众号平台上可通过链接下载"微课小助手"APP，"掌上学院"APP内嵌入了微课制作工具，员工可在线制作并上传作品到平台，如图3所示。

"百课绽放"，期待每一位员工的热情参与！

图3　微信平台及掌上学院中的微课开发工具

新兴技术 微课腾飞

在信息技术不断更新迭代的时代，广东电网在的企业培训生态圈将结合传统授课、微课与 AR、VR 等新兴信息技术，打造与时代同步的培训模式。目前 VR、AR 两项技术的融合度、使用度逐步深化，在未来一段时间内将逐渐在日常生活、工作、学习中普及，在激发创造性的深度学习方面将发挥重要的作用。

VR 是一种虚拟现实技术，利用计算机生成一种模拟环境，是一种多源信息融合的、交互式的三维动态视景和实体行为的系统仿真，使用户沉浸到该环境中。日后的微课开发可借助这种新兴技术，用虚拟技术解决学习媒体的情景化及自然交互性的要求，带给学习者身临其境、引人入胜、效率提升的学习体验。培训时可采用 VR 开发培训游戏，通过故事线设计、任务安排、媒介工具、背景架构、认阶反馈与形成性测评等，使学员全身心地沉浸其中、投入热情，在虚拟环境中完成通常繁琐枯燥的培训训练和知识汲取。系列化的专业课程则可通过定性和定量的 VR 学习，对某些概念进行深化，并建构新的创意，获取比实际教学更全面系统、精细震撼的知识冲击，形成更坚固的记忆链条。学员可以置身于信息空间中自由地理解、使用和创生信息，克服心理障碍和交流恐慌，客观真实地搜集和反馈教学问题，提高学习效率。

AR 则是一种增强现实技术，是一种实时地计算摄影机影像的位置及角度并加上相应图像、视频、3D 模型的技术，这种技术的目标是在屏幕上把虚拟世界套在现实世界并进行互动。

目前，广东电网已经将 3D 技术运用在微课开发当中，现实感极强的学习画面能让学员快速进入学习状态，掌握相关学习技能，如图 4 所示。

图 4 3D 微课片段示例

在 3D 开发的技术基础上，广东电网公司将能更好地引入 AR 技术，将这种技术运用于微课开发中，能够帮助学员乐在其中、洞察先机、效果改善。当学习陷入停滞、困顿时，AR 能够在某种程度上变通为游戏和娱乐，让培训教学真正做到寓教于乐，克服现实倦怠，跨越学习障碍，保持学习长期性和连续性，完成"头脑风暴"。AR 能够充分调动大数据、云计算等服务，提供智能的引导，将数据分析和服务推送工作前置，甚至能够伴随影像的同步呈现，引导出一条正确的学习之路，获得动人心弦的惊喜。AR 学习媒介更为丰富，通道更为拓宽，路径更为优化，甚至可以实现流程重现，规避经费、难度和条件限制，从而弥补多媒体技术的不足，提升学习的边际收益。

随着 VR、AR 技术的发展，未来微课将结合这方面的技术，实现虚拟课堂，打造低成本的"一对一"培训模式。

精要的讲解、多媒体的呈现方式、五分钟的学习享受，这些都是微课赋予员工的知识财富，员工会通过这样酷炫的形式获得知识并爱上这样的培训方式。通过微课，在最大程度上满足知识获取的直接性、需要性、便捷性及有效性，使员工形成高效率的有效学习。高效率，这不仅是时代发展的要求，更是人们不断进步的自我要求。

微课，将是企业培训的未来曙光！